普通高等教育机械类系列教材

机械制造专业综合实践

宿 崇　邓鹏飞　主编

电子工业出版社
Publishing House of Electronics Industry
北京·BEIJING

内 容 简 介

本书根据机械类专业的实际教学需求和工程教育认证标准，系统介绍数控机床拆装、数控机床几何精度检测和零件加工工艺编制及数控加工实践三大部分内容。全书共 6 章，主要内容包括数控机床各组成部分的结构与工作原理及拆装实践，数控机床几何精度检测项目、公差标准及检测方法，零件加工工艺路线编制及数控加工实践。为方便学习，书中提供部分实践的操作视频，读者可扫描二维码观看。

本书可作为高等院校机械工程、机械工程及其自动化等专业的本科生教材，也可供从事机械制造工作的工程技术人员参考。

未经许可，不得以任何方式复制或抄袭本书之部分或全部内容。
版权所有，侵权必究。

图书在版编目（CIP）数据

机械制造专业综合实践 / 宿崇，邓鹏飞主编.
北京 : 电子工业出版社, 2025. 7. -- ISBN 978-7-121-50535-5
Ⅰ．TH
中国国家版本馆 CIP 数据核字第 2025J8L610 号

责任编辑：凌　毅
印　　刷：三河市良远印务有限公司
装　　订：三河市良远印务有限公司
出版发行：电子工业出版社
　　　　　北京市海淀区万寿路 173 信箱　邮编 100036
开　　本：787×1 092　1/16　印张：10.25　字数：262 千字
版　　次：2025 年 7 月第 1 版
印　　次：2025 年 7 月第 1 次印刷
定　　价：39.90 元

凡所购买电子工业出版社图书有缺损问题，请向购买书店调换。若书店售缺，请与本社发行部联系，联系及邮购电话：(010) 88254888，88258888。

质量投诉请发邮件至 zlts@phei.com.cn，盗版侵权举报请发邮件至 dbqq@phei.com.cn。
本书咨询联系方式：(010) 88254528，lingyi@phei.com.cn。

前　言

机械制造技术是现代一切制造业发展的基础，是衡量一个国家整体制造业水平的重要标志。高等工科院校机械类专业肩负着为国家培养适应现代制造业发展的高层次工程技术人才和科学研究人才的重任。

机械制造专业综合实践是机械类专业学生在经过专业相关理论课程学习之后，为进一步完善和巩固所学专业知识，并使他们能够将所学知识与工程实践结合起来而开展的专业综合实践能力训练。

机床技术是机械制造技术中最核心的技术之一。复杂的机械零件由毛坯到成品需要经过一系列的机械加工工序，而每一道工序的完成都需要由相应的机床来实现。机床的工艺范围、加工精度等对机械零件的加工质量起到决定性的作用。作为一名从事机械制造领域的工程技术人员，必须掌握机床的结构和工作原理，理解机床几何精度的概念并熟悉机床的基本操作。

本书是参照普通高等学校机械类专业的实际教学需求和工程教育认证标准，结合机械类专业培养目标，在总结近几年的教学实践基础上编写而成的，书中内容遵循国家标准和机械行业标准。

本书包含三大部分：第一部分为数控机床拆装，通过小型数控机床的拆装训练，使学生更加深刻地掌握数控机床各组成部分的结构与工作原理；第二部分为数控机床几何精度检测，通过数控机床几何精度检测训练，使学生理解几何精度的含义，掌握数控机床精度检测项目、公差标准及检测方法，熟悉精度检测常用的检测工具、仪器及使用方法；第三部分为零件加工工艺编制及数控加工实践。前两部分的实践训练使学生对数控机床有了深刻的认识，继而设计了机床实际操作训练环节，通过典型机械零件的加工工艺编制和数控加工实践，进一步强化学生的工程实践能力。

学习本书知识前，需要修读的专业知识包括机构运动原理、机械零件的设计与制造、互换性与测量技术以及数控机床程序编写等。

本书以实践训练为主，为帮助学生尽快理解并掌握实践内容，书中增加了相关理论知识点的讲解，以做到理论性和实践性相结合。同时，为帮助学生熟悉实践操作过程，书中提供部分实践的操作视频（可扫描二维码进行学习）。

本书可作为高等院校机械工程、机械工程及其自动化等专业的本科生教材，也可供从事机械制造工作的工程技术人员参考。

本书由大连交通大学机械工程学院的宿崇和邓鹏飞担任主编，其中第一、二部分内容由宿崇撰写，第三部分内容由邓鹏飞撰写。另外，书中图表的绘制和实验素材的整理由苗天赐、鲁泽坤、成宇杰、任禹航、贾楚琦等研究生完成。

本书的撰写得到了与从事该书内容相关教学工作的黄文丽老师、宋雪萍老师和周峰老师的热情支持与指导，他们提出了具体建议，在此表示衷心的感谢。

由于编者水平所限，书中难免有不足之处，恳请同行和读者不吝指正。

编 者

2025 年 5 月

目　录

第一部分　数控机床拆装

第1章　数控车床拆装 ·· 2
- 1.1 数控车床总体结构 ·· 2
  - 1.1.1 数控车床的基本组成 ·· 2
  - 1.1.2 数控车床的总体布局 ·· 2
- 1.2 关键功能部件 ·· 3
  - 1.2.1 进给驱动部件 ·· 3
  - 1.2.2 主轴部件 ·· 5
  - 1.2.3 刀架部件 ·· 7
- 1.3 常用拆装工量具 ·· 8
- 1.4 关键部件拆装实践 ·· 10
  - 1.4.1 拆装注意事项 ·· 10
  - 1.4.2 进给驱动部件拆装 ·· 11
  - 1.4.3 主轴部件拆装 ·· 17
  - 1.4.4 数控刀架拆装 ·· 23
- 实验报告 ·· 29

第2章　数控铣床拆装 ·· 32
- 2.1 数控铣床总体结构 ·· 32
  - 2.1.1 数控铣床的基本组成 ·· 32
  - 2.1.2 数控铣床的总体布局 ·· 33
- 2.2 关键功能部件 ·· 33
  - 2.2.1 主轴部件 ·· 33
  - 2.2.2 工作台驱动部件 ··· 34
- 2.3 关键部件拆装实践 ·· 43
  - 2.3.1 主轴部件拆装 ·· 43
  - 2.3.2 十字数控滑台拆装 ·· 46
- 实验报告 ·· 52

第二部分　数控机床几何精度检测

第3章　数控车床几何精度检测 ·· 55
- 3.1 几何精度检测及公差 ··· 55
- 3.2 常用检测工具 ·· 56
- 3.3 检测方法与步骤 ··· 59
  - 3.3.1 导轨几何精度检测 ·· 59
  - 3.3.2 主轴几何精度检测 ·· 61

    3.3.3 尾座几何精度检测 ·· 64
  实验报告 ·· 67

第4章 数控铣床几何精度检测 ·· 74
  4.1 几何精度检测及公差 ··· 74
  4.2 常用检测工具 ·· 75
  4.3 检测方法与步骤 ·· 77
    4.3.1 坐标轴线运动直线度检测 ·· 77
    4.3.2 坐标轴线运动间的垂直度检测 ·· 80
    4.3.3 主轴几何精度检测 ·· 82
    4.3.4 工作台几何精度检测 ·· 86
  实验报告 ·· 88

第三部分 零件加工工艺编制及数控加工实践

第5章 零件加工工艺编制 ··· 97
  5.1 工艺路线制订方法 ·· 97
    5.1.1 加工顺序的安排 ·· 97
    5.1.2 加工阶段的划分 ·· 98
    5.1.3 加工方法的选择 ·· 98
    5.1.4 定位基准的选择 ·· 100
  5.2 零件加工工艺路线编制实例 ··· 101
    5.2.1 轴类零件加工 ·· 101
    5.2.2 型腔类零件加工 ·· 102
    5.2.3 复杂零件加工 ·· 103
  实践任务 ·· 107

第6章 数控加工实践 ··· 110
  6.1 数控机床操作 ·· 110
    6.1.1 数控机床操作规程 ·· 110
    6.1.2 数控车床操作 ·· 111
    6.1.3 数控铣床操作 ·· 117
  6.2 数控编程基础 ·· 126
    6.2.1 数控编程步骤 ·· 126
    6.2.2 数控编程方法 ·· 126
  6.3 数控机床坐标系 ·· 127
    6.3.1 机床坐标轴 ·· 127
    6.3.2 机床坐标系与工件坐标系 ·· 128
  6.4 数控编程指令代码 ·· 128
  6.5 常用编程指令 ·· 129
    6.5.1 准备功能指令 ·· 129
    6.5.2 进给功能指令 ·· 131

  6.5.3 主轴功能指令 ·· 131
  6.5.4 刀具功能指令 ·· 132
  6.5.5 辅助功能指令 ·· 132
  6.5.6 循环功能指令 ·· 132
 6.6 典型零件数控加工 ·· 141
  6.6.1 轴类零件车削加工 ··· 141
  6.6.2 型腔类零件铣削加工 ·· 145
  6.6.3 数控编程练习图样 ··· 148
实验报告 ··· 153
参考文献 ··· 155

第一部分　数控机床拆装

数控机床是机械制造设备中具有高精度、高效率、高自动化和高柔性化等优点的工作母机，是现代制造业生产的核心装备。掌握数控机床的总体结构与工作原理，了解部件之间的装配关系，对数控机床的正确使用、调试和维护有着积极作用。本部分通过小型数控机床（车床、铣床）的关键部件拆装训练，使学生了解数控机床的基本组成、结构布局及主要模块的基本功能；掌握数控机床关键部件的装配工艺要点和拆装基本程序，进而培养学生分析、解决问题的能力和实际动手能力。

本部分的主要实践内容：

1. 数控车床关键部件拆装
- ✦ 进给驱动部件拆装
- ✦ 主轴部件拆装
- ✦ 数控刀架拆装

2. 数控铣床关键部件拆装
- ✦ 主轴部件拆装
- ✦ 十字数控滑台拆装

第1章　数控车床拆装

数控车床主要用于轴类、盘类等零件回转表面的加工，可完成圆柱面、圆锥面、端面、螺纹面的切削加工，还可进行钻孔、扩孔、铰孔、镗孔等切削加工。根据加工范围和应用场合的不同，数控车床的整体结构及布局也有所不同。数控车床是现代制造企业使用最为广泛的机床之一，在数控机床中占有非常重要的位置。

1.1　数控车床总体结构

1.1.1　数控车床的基本组成

数控车床在总体结构上与普通车床并无太大差别，均由驱动电机、主传动系统、进给传动系统、工作部件、基础件、冷却系统、润滑系统、控制系统等部分组成，但又有所区别，具体如下。

（1）驱动电机

普通车床使用单速或双速电机，而数控车床使用的是变频电机，在特定的转速范围内可实现无级变速，还可以通过串联分级变速箱扩大无级变速范围。

（2）主传动系统

普通车床首先通过皮带轮将动力传递到主轴箱，再利用主轴箱内的齿轮传动副实现主轴的分级变速。除上述传动方式外，数控车床的电机功率还可以通过皮带轮直接传递给主轴，甚至将主轴和电机集成为一个整体，形成电主轴驱动单元，这样可以大大简化主传动系统的机械结构，进而减小主传动误差。

（3）进给传动系统

普通车床是通过挂轮架、进给箱、溜板箱将主轴的动力传递给刀架实现纵向和横向进给运动的，而数控车床刀架的纵向和横向进给运动则是利用独立的伺服电机或步进电机直接或间接驱动滚珠丝杠螺母副来实现的，可进行无级变速，便于获得最佳切削条件。

（4）工作部件

区别于普通车床，数控车床的工作部件均能够通过数控系统进行自动控制，如数控刀架、气动卡盘、自动排屑装置等。

（5）基础件

普通车床的床身基本为平床身，而数控车床床身除了平床身，还有斜床身、立床身，其优点是车床的宽度方向结构尺寸减小，节省占地空间；排屑容易，便于自动排屑器的安装。

1.1.2　数控车床的总体布局

数控车床的主轴、尾座等部件在结构和布局上与普通车床基本一致，但数控车床的床身和导轨的布局形式更加多样，主要有平床身、斜床身和立床身，如图1-1所示。

3种布局形式各有优缺点，应用场合也不同。平床身的优点是导轨面的工艺性好，床身上导轨的承载性和导向性好，刀架的运动更加平稳，缺点是排屑困难，热切屑易于堆积在导轨面上使导轨发生局部热变形，甚至会划伤导轨。通常大型数控车床或小型精密数控车床采用平床身。

（a）平床身　　　　　　　　（b）斜床身　　　　　　　　（c）立床身

图 1-1　数控车床床身和导轨布局

斜床身上导轨面的工艺性略差，工作中在刀架重力的作用下导轨面的受力不均匀，因此床身导轨的承载性不如平床身导轨，导向性也差，立床身存在同样的问题，但它们排屑能力均优于平床身。斜床身在中、小型数控车床上应用较为普遍。

1.2　关键功能部件

1.2.1　进给驱动部件

数控车床的进给系统由驱动电路、驱动装置（步进电机、伺服电机）、机械传动机构（齿轮、滚珠丝杠螺母副）和执行部件（刀架）等组成，如图 1-2 所示。驱动装置接收驱动电路的指令信号，产生旋转运动，经滚珠丝杠螺母副转变成直线运动，进而带动刀架产生横向或纵向进给运动。刀架的横向和纵向进给运动具有独立的驱动部件，车削曲面时可通过数控系统同时驱动两个方向的执行电机实现。

根据进给系统有无位置检测和反馈装置以及检测位置的不同，进给系统分为开环控制系统、闭环控制系统和半闭环控制系统。通常低档数控车床采用开环控制系统，驱动精度一般

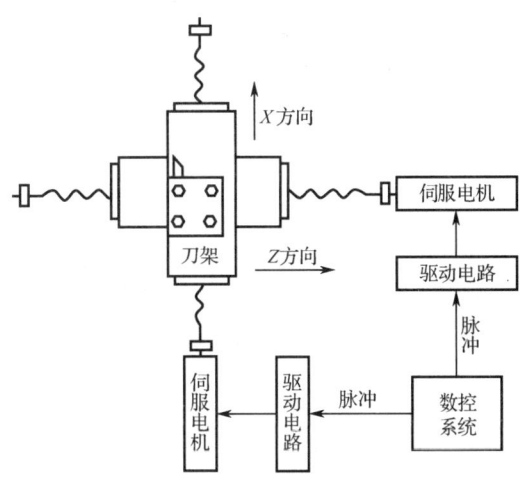

图 1-2　进给系统工作原理图

为 10μm，而中高档的数控车床使用半闭环或闭环控制系统，控制精度可达 1μm，甚至 0.1μm。

常见的数控车床进给系统配置方式有 3 种：①伺服电机通过联轴器与滚珠丝杠直接连接；②伺服电机通过同步带传动副与滚珠丝杠连接；③伺服电机通过 1～2 级降速齿轮传动副与滚珠丝杠连接，如图 1-3 所示。前两种配置方式通常适用于轻载、快速运动场合，而后一种配置方式主要用于重载、低速运动场合。

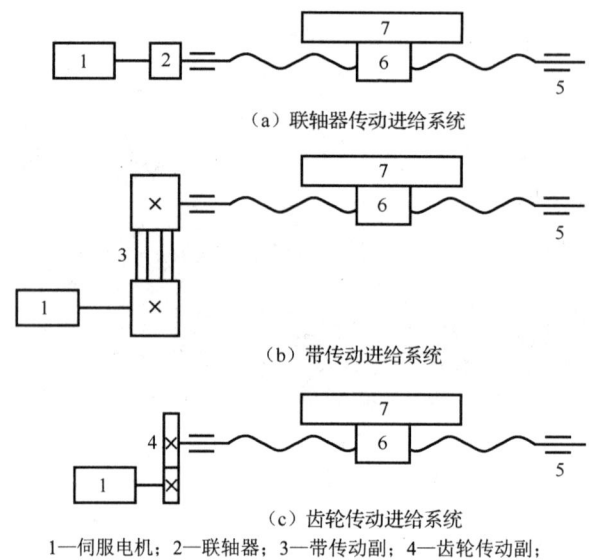

(a) 联轴器传动进给系统

(b) 带传动进给系统

(c) 齿轮传动进给系统

1—伺服电机；2—联轴器；3—带传动副；4—齿轮传动副；
5—轴承；6—滚珠丝杠；7—工作台

图 1-3 数控车床进给系统配置方式

典型的数控车床进给系统为十字结构，如图 1-4 所示。在 X、Z 两个坐标轴方向上的传动系统均是独立驱动的，可以通过数控系统分别驱动，完成单坐标方向走刀，如车轴的圆柱表面或端面；也可以通过数控系统协同控制，使车刀同时在 X、Z 两个坐标轴方向上做进给运动，完成工件曲面车削。

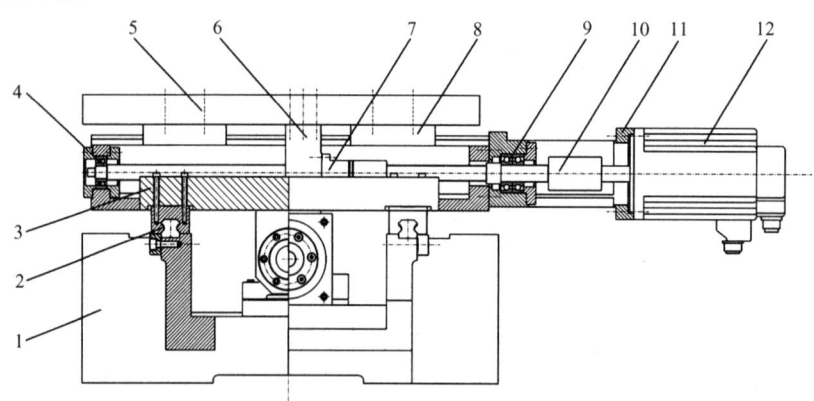

1—床身；2—Z 轴导轨副；3—大托板；4—X 轴后支承；5—小托板；6—螺母座；7—滚珠丝杠螺母副；
8—X 轴导轨副；9—X 轴前支承；10—联轴器；11—电机座；12—伺服电机

图 1-4 数控车床进给系统机械结构

在 X 轴上，固定在电机座 11 上的伺服电机 12 通过联轴器 10 把旋转运动传给滚珠丝杠螺母副 7。丝杠有前后两个支承，X 轴前支承 9 由一对背靠背角接触球轴承组成，用来承受双向的轴向载荷和径向载荷；X 轴后支承 4 为一个调心球轴承，主要承受径向载荷，同时可承受一定的轴向载荷。丝杠螺母通过螺母座 6 与小托板 5 连接，在小托板下部安装 X 轴导轨副 8，从而驱动工作台在 X 轴上做直线进给运动。Z 轴上的传动机构与 X 轴上的传动机构基本一致。

除上述 3 种常见的配置方式外,在高速/超高速车床上还可利用直线伺服电机直接驱动工作台做进给运动。1993 年,德国 EX-CLL-U 公司生产了世界上第一台由直线伺服电机直接驱动工作台的数控车床。该车床在 X、Y、Z 坐标轴上均使用了直线伺服电机,省去了带传动、齿轮传动和滚珠丝杠螺母副传动等机械结构,提高了进给系统的刚度、减少了误差源,传动精度显著提高。此外,直线伺服电机的响应速度快,瞬间加速度可达 $1g\sim8g$($1g=9.8m/s^2$),最大进给速度达到了 60m/min,大大提高了加工效率。

直线伺服电机是适应高速/超高速数控车床技术而发展起来的一种新型驱动电机。不同于传统的数控车床需要借助滚珠丝杠螺母副将直流/交流伺服电机的旋转运动转换成直线运动,直线伺服电机可直接驱动工作台做直线运动。

直线伺服电机的平磁场由初级和次级产生,初级相当于旋转伺服电机的定子,次级相当于转子,平磁场产生磁力,驱动次级在初级上做直线运动或初级在次级上做直线运动。在制造直线伺服电机进给系统时,由于采用短的初级有利于降低成本和运行费用,因此一般将短初级与移动的执行部件(如工作台、刀架)连接,长次级与固定的床身连接。即在床身的全行程上安装若干块永磁铁作为直线伺服电机的次级,在执行部件的下部对应位置安装含铁芯的通电绕组作为直线伺服电机的初级,从而实现初级直接带动执行部件做直线进给运动,如图 1-5 所示。

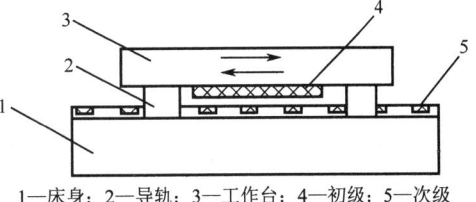

1—床身;2—导轨;3—工作台;4—初级;5—次级

图 1-5 直线伺服电机传动原理图

1.2.2 主轴部件

主轴部件是数控车床的重要执行部件之一,其作用是带动工件旋转,完成表面成形运动的主运动。典型的数控车床主传动系统如图 1-6 所示。AC 伺服电机 1 通过同步齿形带 2 驱动主轴旋转,再通过同步齿形带 3 带动编码器与主轴同速旋转。主轴组件根据系统刚度需求设置不同类型轴承组合的前后支承。

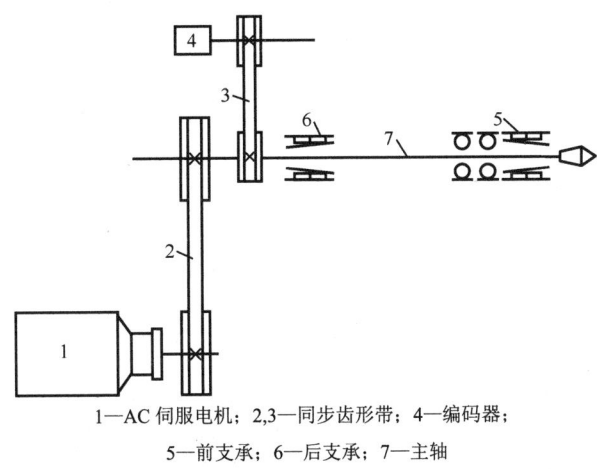

1—AC 伺服电机;2,3—同步齿形带;4—编码器;
5—前支承;6—后支承;7—主轴

图 1-6 典型的数控车床主传动系统

主轴在工作时承受驱动力和切削力载荷,以及由轴承滚动摩擦产生的热载荷,因此主轴需要具备一定的刚度和抗温升、抗热变形能力。

在主轴结构上,数控车床主轴的结构已经标准化,整体结构为空心阶梯轴,前端直径大,后端直径小。主轴前端设计有短圆锥面和凸缘端面,用于卡盘的安装定位,此外前端设计有莫氏锥孔,用于安装顶尖。为保证主轴的回转精度要求,需要根据车床精度有关标准制订主轴关键特征的技术要求,如主轴轴颈的圆度、前后轴颈连心线与前后锥孔连心线的同轴度、支承端面对轴颈轴线的垂直度等。

在主轴材料上,选择主轴材料时主要考虑主轴材质的耐磨性和动态特性。通常,普通车床的主轴选用 45 号钢,在主轴与其他部件接触的部位(如定心轴颈、端部锥孔和锥面)进行局部高频淬火,以提高其耐磨性。对于工作载荷大和有冲击载荷时,可考虑选用合金钢作为主轴材料。

在主轴支承上,数控车床通常采用滚动轴承支承。根据主轴刚度、转速、承载能力等使用要求的不同,主轴轴承的配置方式也有所不同。高速轻载型数控车床主轴的前后支承通常采用角接触球轴承支承,而当载荷较大时,则需要使用圆柱滚子轴承配合支承,以提高承载能力。如主轴的动力从后端的皮带轮传入,后轴承需要承担较大的传动力,此时后支承可以采用双列短圆柱滚子轴承支承。

如图 1-7 所示为数控车床主轴部件装配图。主轴 5 通过前后支承轴承 7、9 安装在主轴箱 1 内,前支承采用三联角接触球轴承,其中前两个轴承为串联布置,第二、第三个轴承为面对面布置,这样可以承受双向轴向力;后支承采用双联角接触球轴承,采用背靠背的布置方式,能够承受集中力偶。隔套 8 用于确定支承轴承的位置和游隙调整。三爪卡盘 3 通过过渡盘 4 与主轴连接。皮带轮 17 以键连接方式安装在主轴后端,以传递动力。编码器 10 通过同步齿形带 15 与主轴连接,测量主轴转速。

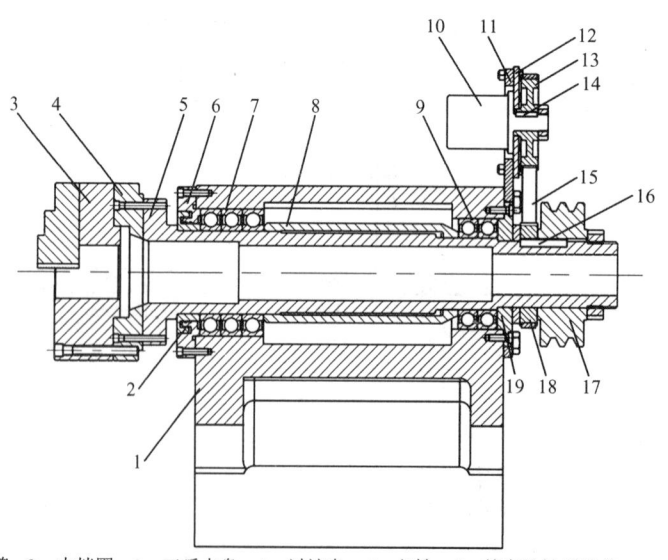

1—主轴箱;2—内挡圈;3—三爪卡盘;4—过渡盘;5—主轴;6—前支承轴承端盖;7,9—轴承;
8—隔套;10—编码器;11—支承板;12—连接板;13,18—同步带轮;
14,16—键;15—同步齿形带;17—皮带轮;19—后支承轴承端盖

图 1-7 数控车床主轴部件装配图

1.2.3 刀架部件

考虑到加工精度和生产效率，采用数控车床加工时应尽量集中安排工序，即在一次装夹后完成多个表面的加工，这就要求数控车床具有自动换刀装置，在加工中能够根据程序指令自动换刀，以缩短加工的辅助时间，减少由于多次安装工件而导致的原始误差。

随着数控车床的发展，数控刀架开始向快速换刀、电液组合驱动和伺服驱动方向发展。根据刀架回转轴的布置方式，数控刀架可分为立式和卧式两种，如图 1-8 所示。立式刀架有四、六工位两种形式，通常用于简易数控车床；卧式刀架有八、十、十二等工位，刀盘可正、反方向旋转，主要用于全功能数控车床。

（a）立式刀架　　　　　　　　　　　　（b）卧式刀架

图 1-8　数控刀架

四方回转刀架是常见的数控车床自动换刀装置，如图 1-9 所示。换刀动作包括刀架的抬升、转位和夹紧。当接收到数控系统的换刀指令后，电机 14 正转，通过蜗轮 3 与蜗杆 17 组成的传动副带动中间竖轴 2 和轴套 9 一起旋转。轴套和套筒 8 之间为螺旋面接触，使得套筒上升，进而带动与之固定连接的刀架 7 和上齿盘 6 一起上升，上齿盘与下齿盘 5 分离，完成抬升动作。刀架抬升后，套筒继续旋转，带动刀架完成 90°、180°、270°或 360°转位。刀架转位后，驱动电机反转，刀架下降，上、下齿盘合拢夹紧，电机停止旋转，完成一次换刀动作。

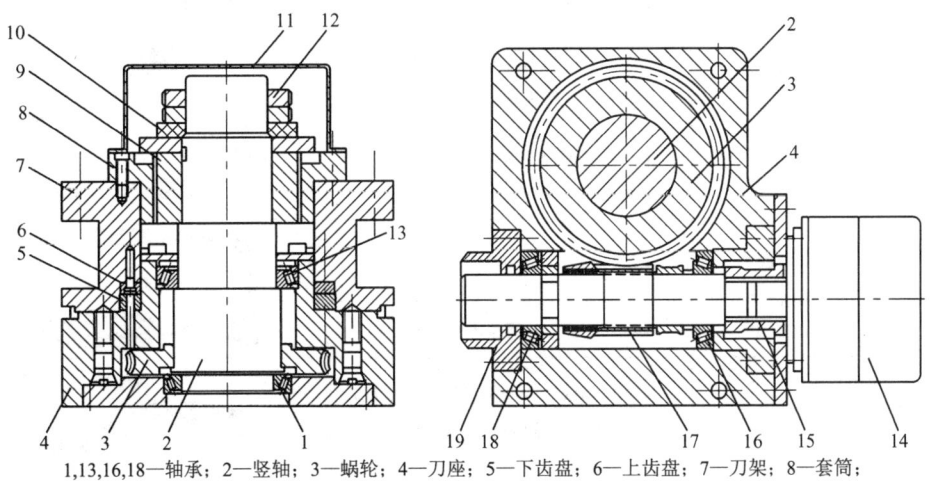

1,13,16,18—轴承；2—竖轴；3—蜗轮；4—刀座；5—下齿盘；6—上齿盘；7—刀架；8—套筒；
9—轴套；10—垫圈；11—罩；12—螺母；14—电机；15—联轴套；17—蜗杆；19—端盖

图 1-9　数控四方回转刀架

1.3 常用拆装工量具

数控车床零部件之间的连接方式多样，有螺纹连接、键连接、配合连接、压紧连接、焊接及铆接等。在进行拆装时，要先理清零部件之间的装配方式，然后确定拆卸和安装的顺序、方法和使用工量具。机床拆装实践中常用到的工量具见表1-1和表1-2。

表1-1 机床拆装常用工具

类型	名称	用途	实物图
螺钉旋具	一字槽螺丝刀	用于拆卸机床防护罩、金属薄板上的螺钉	
	十字槽螺丝刀		
	多功能电动螺丝刀		
扳手类	活扳手	紧固和旋松不同规格螺母、螺栓的常用工具	
	呆扳手		
	梅花扳手		
	套筒扳手	用于拧转空间狭小或凹陷深度处的螺栓、螺母，扭转力矩大	
	钩形扳手	用于拧转厚度受限制的扁螺母，卡槽分为长方形卡槽和圆形卡槽	
	内六角扳手	用于内六角螺栓的紧固和起松	
	扭力扳手	可以控制扭力的螺栓和螺母紧固工具	
手钳类	尖嘴钳	用于剪切线径较细的单股与多股线，也可用于狭小空间的螺栓、螺母的拧转	
	钢丝钳	用于掰弯、扭曲细圆柱形金属零件及切断金属丝等	

续表

类型	名称	用途	实物图
手钳类	大力钳	可用于圆管的拧转，板料等多个物体的夹持固定	
	管子钳	一般用来夹持和拧转管类零件	
其他工具	手锤	拆卸销子用工具	
	拔销器		
	销子冲头		
	拉马	拆卸轴承用工具	
	铜棒		
	橡胶手锤		
	小型平衡吊及吊具	较重零部件搬运工具	
	小型搬运车		
	拆装台	拆装零部件放置平台	

表 1-2 机床拆装常用量具

名　称	用　途	实 物 图
游标卡尺	测量零件长度、内孔和外圆直径、深度等	
千分尺	测量轴的直径、零件的壁厚等	
螺纹塞规	检测内螺纹尺寸的正确性	
水平仪	测量导轨的平面度和直线度，零部件安装的水平、垂直位置等	
高度计	测量零部件的高度、轴的直径等	
塞尺	检查两结合面之间的缝隙	
内、外卡钳	外卡钳用来测量外径和平面，内卡钳用来测量内径和凹槽	
平尺	配合指示表完成平板、导轨等零部件的形位误差检测	
指示表	检测工件的尺寸精度和形位精度，根据分度值的不同分为百分表和千分表	

1.4 关键部件拆装实践

1.4.1 拆装注意事项

规范化的机床拆装不仅能提高拆装效率，还能减少零件的划伤和损坏。机床拆装主要注意以下几个方面。

① 拆卸前要先看懂部件结构，了解零部件之间的装配关系，确定拆卸顺序、拆卸方法及使用工具。

② 拆下来的零件要分组有序排放整齐，测绘零部件之间的装配关系并对零件进行编号记录。

③ 轴类配合件要按原顺序装回轴上，细长轴应悬挂放置。

④ 拆卸零件时，不能用手锤直接猛烈敲击，应使用铜棒传力，或使用橡胶锤敲击，不允许敲击零件的工作表面。

⑤ 注意安全，拆卸时要注意防止零件被工具刮伤或掉落，以免零件损伤，甚至造成人员伤害。

⑥ 拆卸销、轴承等紧配合零件时应使用专用拆卸工具。

⑦ 零件装配前必须进行清洁、润滑。

1.4.2 进给驱动部件拆装

数控车床进给系统的结构复杂、零件较多，拆装前必须查看图纸，了解系统内部结构和装配关系，确定拆卸顺序。在拆装过程中，要按零部件的功能进行分类编号，以免零件堆放混乱，影响后续安装。

图1-10所示为数控车床进给系统机械结构实体图，零部件之间的装配关系见图1-4。Z轴和X轴进给驱动部件的结构相同，包括动力组件和传动组件。动力组件包括驱动电机、联轴器和电机座；传动组件包括滚珠丝杠螺母副、滚珠丝杠支承（轴承与轴承座）和托板等。

准备好拆卸工具，确保车床断电，然后按照拆装规范进行拆卸，具体步骤如下：

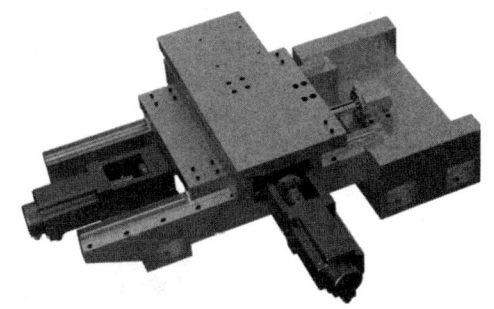

图1-10　数控车床进给系统机械结构实体图

（1）使用内六角扳手松脱小托板正面连接螺母座和4个导轨滑块的内六角螺栓，使用拔销器拔出连接螺母座的圆柱销，向上抬，取下小托板；

（2）使用内六角扳手拆卸大托板上面螺栓连接的两根X轴导轨和滑块；

（3）拧松联轴器电机连接端的紧固螺钉，再用内六角扳手拧下电机与电机座连接螺栓，取下X轴伺服电机；

（4）拧松联轴器滚珠丝杠连接端的紧固螺钉，拆下X轴联轴器；

（5）使用内六角扳手松脱电机座与大托板连接螺栓，用拔销器取出圆柱销，卸下电机座；

（6）使用内六角扳手拆下电机座轴承端盖，使用拉马取出电机座内支承轴承；

（7）先将滚珠丝杠从后支承座中拉出，然后抬起拉出端，再反方向斜向上拉出滚珠丝杠和螺母座。若滚珠丝杠与后支承座连接较紧，无法拉出，则需要先拆卸后支承端盖，然后向内敲击滚珠丝杠末端至滚珠丝杠脱离后支承座。使用内六角扳手卸下螺母座与丝杠螺母的连接螺栓，分离螺母座和滚珠丝杠；

（8）使用内六角扳手卸下大托板上后支承座两侧的轴承端盖；

(9) 使用拉马取出后支承轴承;

(10) 使用内六角扳手卸下大托板与 Z 轴滚珠丝杠螺母座的连接螺栓,并使用拔销器拔出圆柱销,拧出与 4 个 Z 轴导轨滑块连接的螺栓,然后向上抬起拆卸大托板;

(11) 使用内六角扳手松脱下导轨压板与床身的连接螺栓,取下两条压板和两条导轨及滑块;

(12) 拧松联轴器电机连接端的紧固螺钉,再用内六角扳手拧下电机与电机座的连接螺栓,取下 Z 轴伺服电机;

(13) 拧松联轴器滚珠丝杠连接端的紧固螺钉,拆下 Z 轴联轴器;

(14) 使用内六角扳手松脱电机座与床身的连接螺栓,卸下电机座,同时用垫块支承住滚珠丝杠末端,防止滚珠丝杠损伤;

(15) 使用内六角扳手拆卸掉电机座的轴承端盖,并用拉马取出端盖内的两个支承轴承;

(16) 取出滚珠丝杠和螺母座,用内六角扳手卸下丝杠螺母座与丝杠螺母间的连接螺栓,分离丝杠螺母座和滚珠丝杠;

(17) 使用内六角扳手卸下滚珠丝杠后支承两侧的轴承端盖;

(18) 使用拉马取出后支承轴承;

(19) 使用内六角扳手松脱后支承座与床身的连接螺栓,用拔销器取出圆柱销,取下后支承座;

(20) 拆卸完成。

数控车床进给系统的拆卸过程及拆卸零件见表 1-3。

表 1-3 数控车床进给系统的拆卸过程及拆卸零件

步 骤	装 配 体	拆 卸 零 件	连 接 元 件
1			×20 ×2
2			×10

续表

步骤	装配体	拆卸零件	连接元件
3	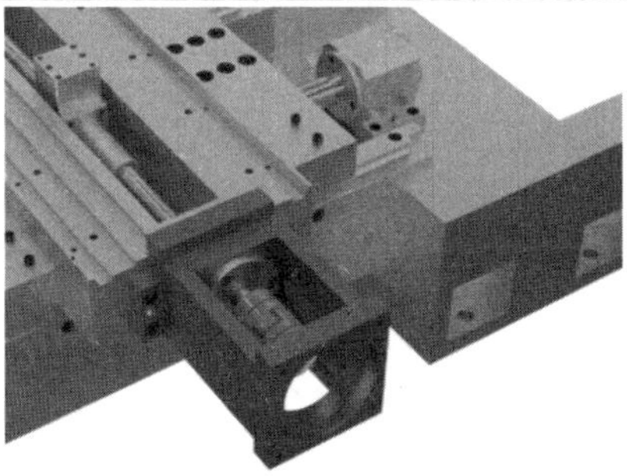		 ×4
4	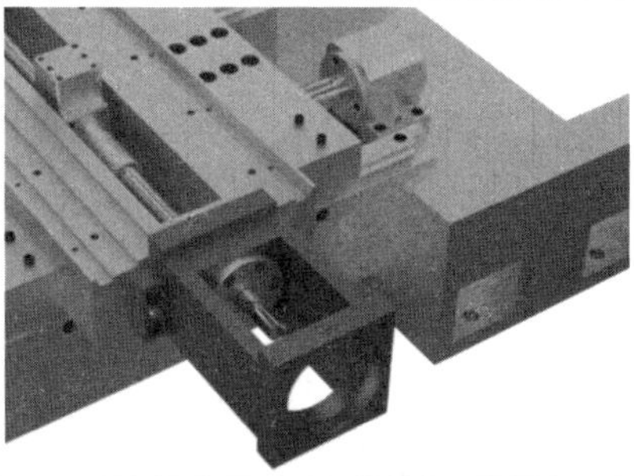		
5	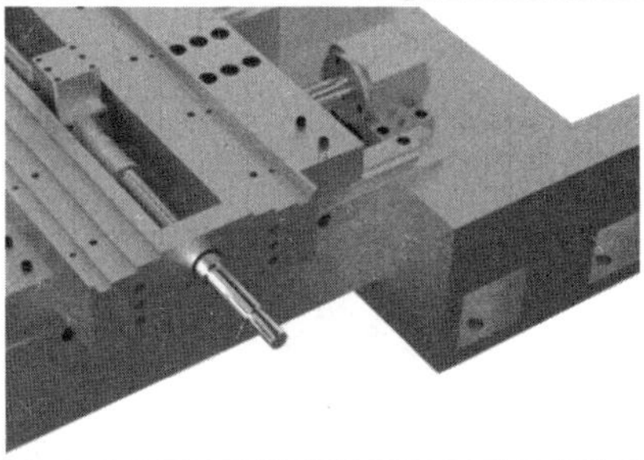		 ×4  ×2
6	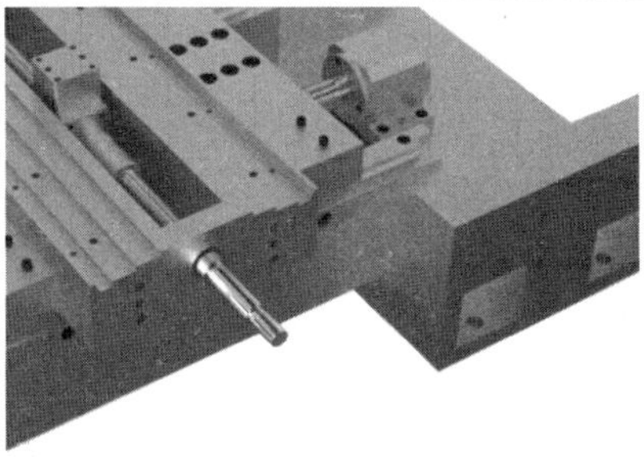		 ×6
7		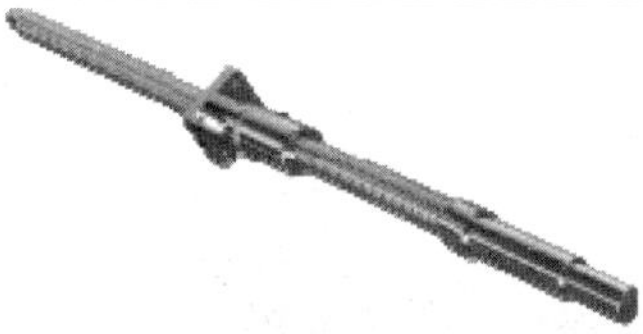 	 ×4

·13·

续表

步骤	装配体	拆卸零件	连接元件
8			×8
9			
10			×20 ×2
11			×34
12			×4

续表

步骤	装配体	拆卸零件	连接元件
13			
14	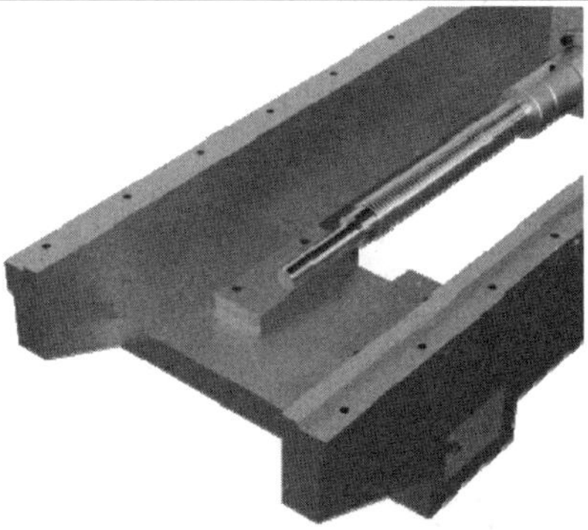		 ×4
15	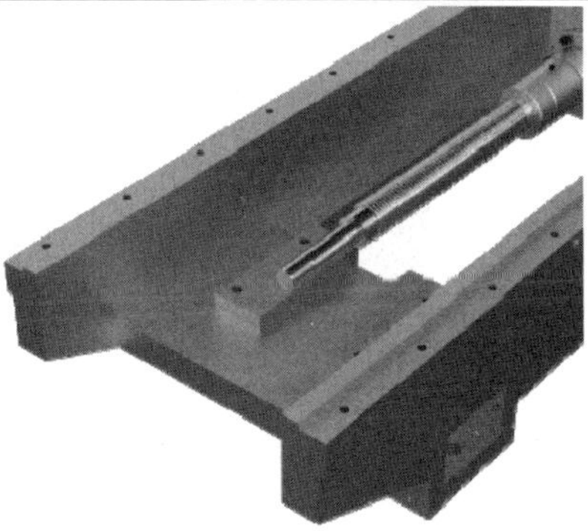		 ×6
16		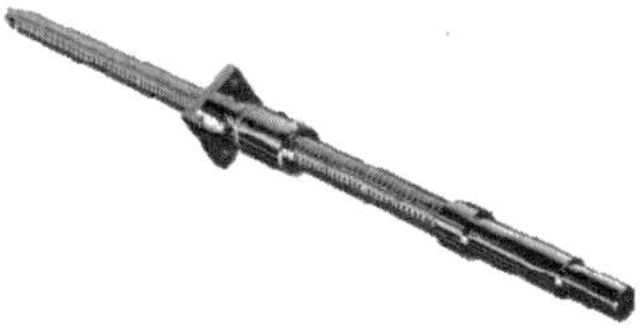 	 ×4

·15·

续表

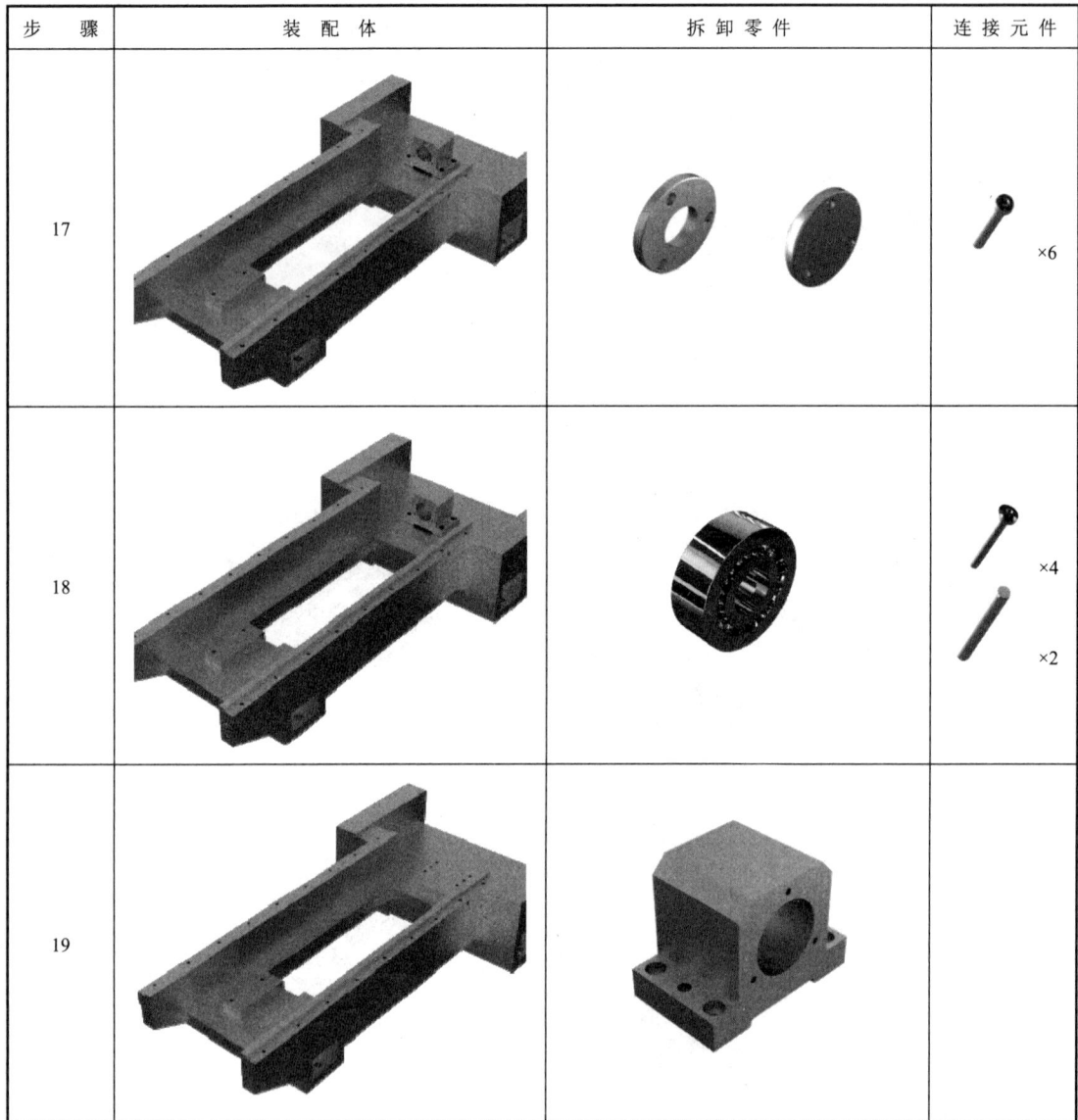

数控车床进给系统的安装步骤如下：

(1) 调平床身，检查 Z 向导轨安装面，并用油石打磨去除毛刺和杂物；

(2) 将线性导轨紧靠安装基准面，拧入螺栓，注意每一颗螺栓与导轨安装孔之间要留有间隙，以便于后期调整，然后使用扭力扳手轻轻固定螺栓，但不要过紧；

(3) 拧紧侧面的定位螺栓，使压条压紧导轨，消除间隙；

(4) 两条 Z 向导轨安装后，使用平尺和指示表检测两条导轨的平行度、单侧导轨面的平直度等；

(5) 将 Z 轴滚珠丝杠后支承端座安装到床身对应位置，然后装入支承轴承，并以正确的扭力锁紧轴承压盖；

(6) 将 Z 轴电机座安装到床身对应位置；

（7）将 Z 轴滚珠丝杠插入丝杠螺母座，并拧入连接螺栓；

（8）双手握住滚珠丝杠，从床身内侧将滚珠丝杠的电机端穿入电机座，然后将轴承装入电机座，支承滚珠丝杠；

（9）将滚珠丝杠穿入后支承端座，然后在滚珠丝杠电机端装入轴承压盖和锁紧螺母，以正确的扭力锁紧；

（10）进行滚珠丝杠预拉，将千分表的表针接触电机端滚珠丝杠的端面，使用钩形扳手卡在锁紧螺母上，将扳手插入滚珠丝杠端面孔，旋转拉伸 0.05mm 左右；

（11）测量滚珠丝杠的径向跳动，将千分表的表针接触滚珠丝杠的圆周表面，要求电机端的滚珠丝杠跳动在 0.01mm 以内，滚珠丝杠中段的跳动在 0.03mm 以内，反复调整，直至满足装配要求；

（12）通过螺栓连接将大托板安装到 4 个滑块和螺母座上；

（13）将 Z 轴联轴器一端安装到滚珠丝杠电机端，然后将电机安装到电机座上，并使电机输出轴插入联轴器，最后拧紧联轴器上的锁紧螺钉；

（14）依照步骤（1）至（4）在大托板上安装 X 轴线性导轨；

（15）依照步骤（5）至（11）安装 X 轴滚珠丝杠；

（16）通过螺栓连接将小托板安装到 4 个滑块和螺母座上；

（17）将 X 轴联轴器一端安装到滚珠丝杠电机端，然后将电机安装到电机座上，并使电机输出轴插入联轴器，最后拧紧联轴器上的锁紧螺钉；

（18）完成安装。

1.4.3 主轴部件拆装

图 1-11 所示为数控车床主轴部件机械结构实体图，包括主轴箱、主轴、主轴支承、传动件和三爪卡盘等。

图 1-11 数控车床主轴部件机械结构实体图

准备好拆卸工具，确保车床断电，然后按照拆装规范进行拆卸，具体步骤如下：

（1）使用内六角扳手松脱连接三爪卡盘与过渡盘的螺栓，卸下三爪卡盘；

（2）使用内六角扳手松脱连接过渡盘与主轴前端的螺栓，卸下过渡盘；

(3) 使用钩形扳手拆卸主轴后端的开槽锁紧螺母,卸下皮带轮;

(4) 取下同步齿形带;

(5) 拆卸主轴上的同步带轮;

(6) 使用尖嘴钳取出主轴末端键槽里的键;

(7) 使用钩形扳手拆卸编码器输入轴上的开槽锁紧螺母,取下同步带轮;

(8) 使用尖嘴钳取出编码器输入轴键槽里的键;

(9) 使用螺丝刀、手钳等工具拆掉铆钉,取下编码器;

(10) 使用呆扳手拆除编码器的连接板;

(11) 使用呆扳手拆除编码器的支承板;

(12) 取出主轴后端垫圈;

(13) 使用内六角扳手松脱主轴后支承轴承端盖与主轴箱的连接螺栓,卸下后支承轴承端盖;

(14) 使用内六角扳手松脱主轴前支承轴承端盖与主轴箱的连接螺栓,用击卸法敲击主轴末端端面,主轴松动后,即可将其从主轴箱孔中抽出;

(15) 采用击卸法或使用轴承拆卸器(如拉马、液压机)拆卸主轴后支承轴承;

(16) 拆卸主轴上的隔套;

(17) 采用击卸法或使用轴承拆卸器(如拉马、液压机)拆卸主轴前支承轴承;

(18) 取出主轴前支承轴承端盖;

(19) 取出主轴前端内挡圈;

(20) 拆卸完成。

数控车床主轴部件的拆卸过程及拆卸零件见表1-4。

表1-4 数控车床主轴部件的拆卸过程及拆卸零件

步骤	装配体	拆卸零件	连接元件
1			×3
2			×3

续表

步骤	装配体	拆卸零件	连接元件
3			
4			
5			
6			

续表

步　骤	装　配　体	拆卸零件	连接元件
7			
8			
9			×4
10			×4

续表

步 骤	装 配 体	拆 卸 零 件	连 接 元 件
11			×4
12			
13			×4
14			×3
15			

续表

步　骤	装　配　体	拆　卸　零　件	连　接　元　件
16			
17			
18			
19			

数控车床主轴部件的安装步骤如下：

（1）将主轴轴承滚道涂上润滑油脂，用专用清洗剂清洗主轴表面；

（2）将主轴前端向下垂直放稳，依次装入内挡圈和前支承轴承端盖；

（3）确定前支承轴承的装配方式和顺序，采用轴承内圈加热的热装法（温度不超过100℃）依次将轴承安装到主轴轴颈上，也可用铜棒或手锤均匀轻敲轴承的内圈至轴颈安装位置；

（4）装入隔套；

（5）依照步骤（3）的安装方法，将后支承轴承装入主轴对应位置；

（6）主轴箱轴承座内壁面涂抹润滑油脂，然后将主轴后端穿过前支承轴承座孔，装入后支承轴承座，前支承轴承装入前支承轴承座；

（7）紧固前支承轴承端盖和后支承轴承端盖的螺栓，固定主轴；

（8）利用外六角螺栓将支承板固定在主轴箱上，并用螺栓、螺母将连接板固定到支承板上；

（9）通过铆接方式将编码器安装到连接板上；

（10）主轴末端套入垫圈；

（11）主轴末端键槽内装入连接键；

（12）主轴末端抹上机油，将同步带轮上的键槽与主轴上的连接键相对齐，用铜棒或手锤轻敲同步带轮端面至主轴对应位置；

（13）采用步骤（10）的安装方法装入皮带轮，然后锁紧开槽螺母；

（14）在编码器轴上的键槽内装入连接键；

（15）依照步骤（10）的安装方法装入同步带轮，然后锁紧开槽螺母；

（16）安装编码器的同步齿形带；

（17）利用内六角螺栓将过渡盘安装到主轴前端；

（18）利用内六角螺栓将三爪卡盘安装到过渡盘上；

（19）完成安装。

1.4.4 数控刀架拆装

图 1-12 所示为四方回转刀架，其组成和工作原理与图 1-9 所示回转刀架不同。如图 1-13 所示，当数控系统发出换刀指令后，电机 5 正转，通过蜗杆 18 带动蜗轮轴 2 旋转，蜗轮轴上部与刀架 7 内孔为螺旋面接触，使得刀架和安装在其下部的上齿盘 12 一起上升，上齿盘与下齿盘 13 分离，完成抬升动作。刀架抬升后，蜗轮轴继续旋转，带动刀架完成 90°、180°、270° 或 360° 转位。刀架转位后，驱动电机反转，刀架下降，上、下齿盘合拢夹紧，电机停止旋转，完成一次换刀动作。

图 1-12 四方回转刀架

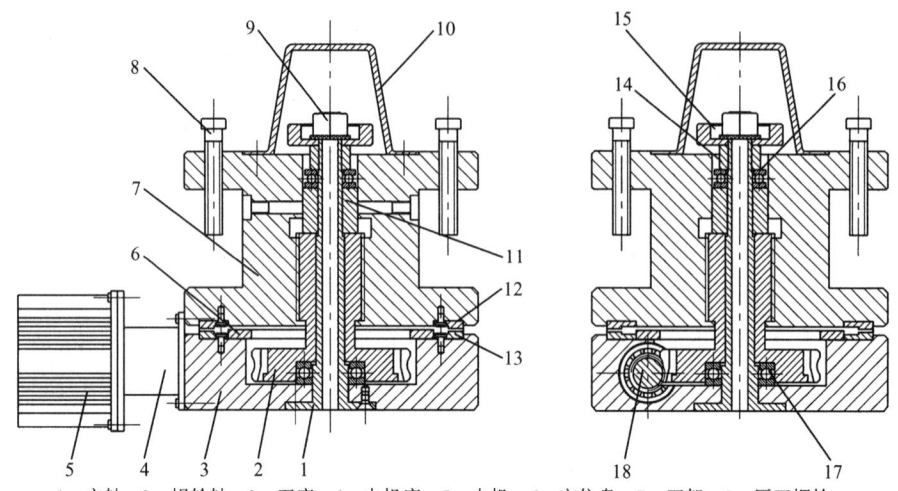

1—立轴；2—蜗轮轴；3—刀座；4—电机座；5—电机；6—定位盘；7—刀架；8—压刀螺栓；
9—锁紧螺母；10—防护帽；11—套筒；12—上齿盘；13—下齿盘；
14—发信盘套筒；15—发信盘；16,17—轴承；18—蜗杆

图 1-13 四方回转刀架机械结构图

四方回转刀架的拆卸步骤如下：

（1）使用螺丝刀松脱防护帽螺钉，拆卸防护帽；

（2）使用扳手拆卸锁紧螺母和垫圈，拆卸发信盘与发信盘套筒；

（3）向上抬起刀架，使其脱离立轴；

（4）标记上齿盘装配位置，使用螺丝刀松脱螺钉，拆卸上齿盘；

（5）标记下齿盘装配位置，使用螺丝刀松脱螺钉，拆卸下齿盘；

（6）使用螺丝刀松脱定位盘的固定螺钉，拆卸定位盘；

（7）依次拆下立轴上支承推力轴承的紧环、滚动体和松环；

（8）使用内六角扳手松脱步进电机与电机座的连接螺栓，拆卸步进电机，然后拔出半联轴器，并使用尖嘴钳取出电机轴上的传动键；

（9）使用内六角扳手松脱电机座与刀座的连接螺栓，拆卸电机座；

（10）拔出蜗杆上半联轴器，并使用尖嘴钳取出传动键；

（11）使用螺丝刀松脱蜗杆两侧轴承压盖的连接螺栓，拆卸前、后轴承压盖；

（12）用击卸法敲击蜗杆末端端面，蜗杆松动后，抽出蜗杆组件；

（13）采用击卸法或使用轴承拆卸器（如拉马、液压机）拆卸蜗杆前、后支承轴承；

（14）拆卸立轴套筒；

（15）拆卸立轴蜗轮；

（16）依次拆下立轴下支承推力轴承的紧环、滚动体和松环；

（17）使用螺丝刀松脱立轴底盘与刀座的连接螺钉，分离刀座和立轴；

（18）完成拆卸。

四方回转刀架的拆卸过程及拆卸零件见表 1-5。

表1-5 四方回转刀架的拆卸过程及拆卸零件

步 骤	装 配 体	拆卸零件	连接元件
1			×4
2			
3			
4			×4
5			×4

续表

步骤	装配体	拆卸零件	连接元件
6		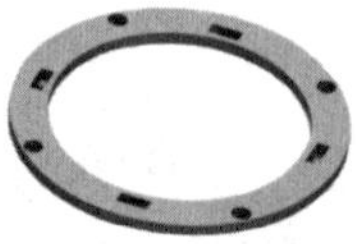	×4
7			
8			 ×4
9			 ×4
10			
11			 ×4

· 26 ·

续表

步骤	装配体	拆卸零件	连接元件
12			
13			
14			
15			
16			
17			×3

四方回转刀架的安装步骤如下：
（1）将立轴穿入刀座，紧固底部螺栓以固定立轴；
（2）使用轴承压装工具（如冲击环、冲击套筒与无反弹锤等）将立轴下支承推力轴承的松环安装到立轴相应位置，然后装入滚动体；
（3）使用压装工具将紧环装入蜗轮轴底部端面的孔内，然后将蜗轮轴套入立轴，至推力轴承紧环与滚动体接触；
（4）在刀座上蜗杆的后支承位置装入支承轴承，安装后轴承压盖；
（5）将蜗杆插入刀座孔，轻敲蜗杆电机端的端面，使蜗杆末端装入后支承轴承；
（6）安装蜗杆前支承轴承，安装前轴承压盖；
（7）将定位盘安装到刀座上；
（8）将下齿盘安装到刀座上；
（9）将立轴套筒套在立轴上；
（10）在立轴上依次安装上支承推力轴承的紧环、滚动体和松环；
（11）在刀架底部安装上齿盘；
（12）将刀架旋转安装到蜗轮轴外螺旋面上，使上、下齿盘合拢压紧；
（13）安装发信盘套筒和发信盘，套入垫圈，紧固锁紧螺母；
（14）安装防护帽；
（15）安装刀架的压刀螺栓；
（16）在蜗杆电机端安装键和半联轴器；
（17）安装电机座；
（18）在电机轴上安装键和半联轴器；
（19）安装电机，两个半联轴器正确合拢后紧固螺栓；
（20）完成安装。

实验报告

实验名称：＿＿＿＿＿＿＿＿＿＿＿＿＿＿＿＿＿

实验日期：＿＿＿＿＿＿＿＿＿＿＿＿＿＿＿＿＿

同 组 人：＿＿＿＿＿＿＿＿＿＿＿＿＿＿＿＿＿

指导教师：＿＿＿＿＿＿＿＿＿＿＿＿＿＿＿＿＿

得　分	
批阅人	

==

1．实验目的

2．实验设备、仪器、工量具

3．实验内容

4．实验步骤与操作

5．实验思考

（1）简述所拆装的数控车床进给驱动部件的结构、工作原理，描述装配关系，绘制装配图并标注配合尺寸及公差。

（2）简述数控车床主轴部件的结构、工作原理，描述装配关系，绘制装配图并标注配合尺寸及公差。

（3）简述数控刀架部件的结构、工作原理，描述装配关系，绘制装配图并标注配合尺寸及公差。

6．实验心得体会

第 2 章 数控铣床拆装

数控铣床是在普通铣床的基础上发展起来的一种自动化机床,是现代机械制造企业加工车间中最常见的加工设备之一,其工艺范围广泛,可用于加工孔、平面、成形表面和复杂曲面等。数控铣床的自动化程度高,主运动、进给运动及机床辅助运动均能通过数控系统进行控制,在数控铣床上配备刀库和自动换刀装置,就构成了加工中心。

2.1 数控铣床总体结构

2.1.1 数控铣床的基本组成

尽管数控铣床的形式多样,但基本组成相同,主要包括支承件、主传动系统、进给传动系统、数控系统、冷却系统、润滑系统和其他装置。

（1）支承件

支承件是数控铣床的基础部件,由床身、立柱和工作台等大尺寸零件组成,主要用于固定其他功能部件,并保证零部件之间的位置关系,因此通常作为其他部件的装配基准和运动基准。支承件要求具有足够的静刚度、动态特性、热稳定性、耐腐蚀性等。常用的支承件材料有铸铁、钢板和型钢焊接结构、预应力钢筋混凝土和天然花岗岩等。

（2）主传动系统

数控铣床的主传动系统包括主轴箱、主轴电机、主轴部件、传动部件等,其中主轴部件包括主轴、支承轴承、拉刀装置、吹屑装置等；传动部件包括皮带轮和同步齿形带等。

（3）进给传动系统

一般数控铣床可实现 X、Y、Z 三个坐标轴上的进给,加工复杂曲面时,还要根据需求增加 A、B 或 C 旋转坐标轴。直线进给运动通常是利用滚珠丝杠螺母副将伺服电机的旋转运动转换成直线运动来实现的；旋转坐标轴运动通常是由伺服电机直接驱动或利用同步齿形带、蜗轮蜗杆等机构传动的。

（4）数控系统

数控系统用于控制各工作部件的动作,由 CNC（Computer Numerical Control,计算机数字控制）装置、可编程控制器、伺服驱动装置以及输入/输出装置等组成,是执行顺序控制动作和完成加工过程的控制中心。

（5）冷却系统

数控铣床的冷却系统主要是对机床的关键发热部件、刀具和工件进行冷却,以保证铣床的运动精度、刀具寿命和工件加工表面质量。

（6）润滑系统

润滑系统用于对机床的运动部件（如滚珠丝杠螺母副、齿轮副、轴承等）进行润滑,以减少摩擦热,降低磨耗,提高零部件的使用寿命。

（7）其他装置

其他装置如自动检测装置、排屑装置和自动上下料装置等。

2.1.2 数控铣床的总体布局

数控铣床的总体布局是指在设计数控铣床机械结构时，根据加工类型、加工范围和加工表面成形运动等要求确定铣床基础部件（床身、立柱等）的几何形状、位置、尺寸；确定执行部件（主轴、刀架、排屑装置等）的位置和相互运动关系。铣床总体结构布局确定后，再设计数控系统、冷却系统、润滑系统等的布局。

在进行数控铣床的总体布局设计时，要考虑以下几个方面的问题。

① 根据铣床的加工范围，即工件的形状、尺寸和重量等，确定铣床总体结构的概略形状和尺寸，包括工作台、床身、立柱、底座等支承件。对于小尺寸、质量较轻的零件，可以采用工作台的直线运动实现 X、Y、Z 三个坐标轴的进给运动；对于尺寸较大、质量较重的零件，Z 轴的进给运动通常由主轴箱的垂直运动来完成；而对于尺寸很大、重量很重的零件，工作台只完成单个水平坐标轴的进给运动，甚至 X、Y、Z 三个坐标轴的进给运动均由主轴箱来完成。

② 根据工件表面成形运动要求，确定主轴部件、进给部件的结构和布局。立式铣床和卧式铣床均可对工件的顶面和侧面进行加工，但工件顶面通常选用立式铣床加工，而工件侧面通常选用卧式铣床加工。若工作台只完成纵向 X 轴的进给运动，那么铣床需要采用 T 形床身布局，横向 Y 轴进给运动由立柱带着主轴箱完成，而垂直 Z 轴进给运动由立柱上的主轴箱进给运动完成。若水平面上 X、Y 轴的进给运动均由工作台来完成，那么工作台需要设计成 4 层的十字结构。

③ 确定其他工作部件（如刀库、排屑装置、上下料装置等）的结构和布局。常用的刀库有链式和盘式两种，可布置在铣床的侧面或顶部。排屑装置通常布置在铣床的侧面。上下料装置通常纵向贯穿工作台，左侧上料，右侧下料。

④ 要考虑铣床的外观、占地和人机关系等问题。在满足铣床功能需求的前提下，结构要尽量紧凑、占地空间小，此外还要考虑到人员操作、维护维修的安全性和便利性问题。

目前，普通数控铣床已经在机械制造车间大范围使用，技术成熟、可靠。在进行新型数控铣床设计时，通常不需要进行较大的结构改变，只需要根据数控铣床工艺需求进行局部结构的重设计即可。对于高档的多轴多联动数控铣床，由于其坐标轴多，加工运动复杂，在对其进行结构布局设计时，通常需要进行结构创新性设计，以满足复杂零件的加工工艺需求。

2.2 关键功能部件

2.2.1 主轴部件

立式数控铣床主传动系统如图 2-1 所示。滚珠丝杠螺母副 3 采用一端固定支承、一端自由的布置方式，通过带刹车系统的伺服电机 1 的驱动，带动整个主轴箱在 Z 轴上做直线进给运动。主轴 6 通过主轴前支承 7 和主轴后支承 8 固定在主轴箱内；主轴电机 4 通过同步齿形带传动副 5 带动主轴旋转，实现表面成形运动的主运动。

数控铣床主轴部件包括主轴套筒、主轴、主轴前后支承轴承、隔套、密封件、前后端盖、皮带轮和端面键等。高档数控铣床主轴部件还带有自动拉刀装置和吹屑装置。图 2-2 所示为一立式数控铣床主轴部件的机械结构。主轴 4 的前、后支承轴承均由一对背靠背布置的角接触球轴承 6、11 组成，前支承轴承处有上密封环 2、下密封环 1，用于防止尘屑等杂质污染轴承油脂，前、后支承轴承均配有轴承端盖 5、13；在主轴前端有 7:24 的锥孔和端面键 3，用于装夹锥柄刀具和传递扭矩；在主轴后端装有通过键 15 连接的皮带轮 14，通过带传动获得主轴电机功率。

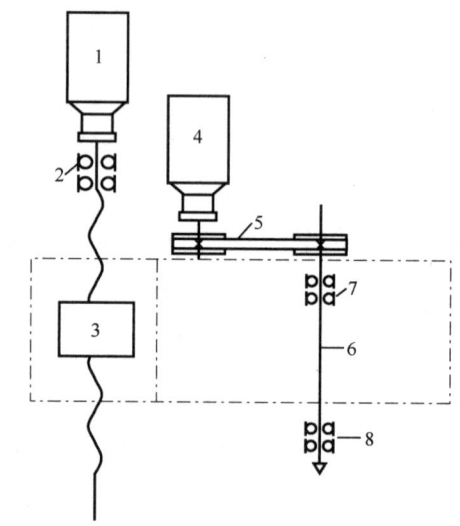

1—伺服电机；2—滚珠丝杠支承；3—滚珠丝杠螺母副；4—主轴电机；
5—同步齿形带传动副；6—主轴；7—主轴前支承；8—主轴后支承

图 2-1 立式数控铣床主传动系统

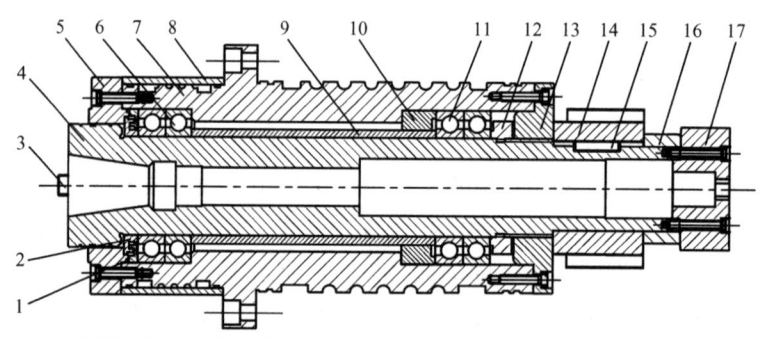

1—下密封环；2—上密封环；3—端面键；4—主轴；5—前端盖；6,11—球轴承；
7—主轴套筒；8—外套圈；9—隔套；10—轴承外圈挡圈；12—锁紧螺母；
13—后端盖；14—皮带轮；15—键；16—压环；17—压盖

图 2-2 立式数控铣床主轴部件的机械结构

2.2.2 工作台驱动部件

工作台是数控铣床的重要执行部件之一，其功能是带动固定在台面上的工件做进给运动。数控铣床的工作台包括直线运动工作台和旋转运动工作台，直线运动工作台又分为单坐标运动的一字工作台和双坐标联动的十字工作台。工作台部件主要包括驱动电机、联轴器、导轨、支承轴承、滚珠丝杠螺母副等。

1. 驱动电机

根据驱动原理的不同，常用的数控铣床直线运动工作台的驱动电机有步进电机和伺服电机。

步进电机是一种将电脉冲信号转换成相应角位移的电机。每输入一个脉冲信号，转子就转动一个角度（步距角），其输出的角位移与输入的脉冲数成正比，转速与脉冲频率成正比。常见的反应式步进电机的步距角一般为 0.5°～3°，步距角越小，控制精度越高，但由于步进电机通常应用在低档数控铣床的开环伺服进给系统，没有位置检测和反馈线路，因此工作台的定位精度通常较低，一般为 10μm。

伺服电机本身具备发出脉冲功能，每旋转一个角度就会发出对应数量的脉冲，驱动器接收反馈回来的信号，与发送给伺服电机的脉冲进行比较，形成闭环，从而能够精确地控制电机的转动，实现执行部件的精确定位。普通数控铣床的伺服进给系统的定位精度为 1.0μm，高档数控铣床的伺服进给系统的定位精度可达 0.1μm。伺服电机又分为直流伺服电机和交流伺服电机。直流伺服电机的启动扭矩大、调速范围广，可以在较宽范围内实现平滑无级变速，但其结构复杂，制造成本高，且电刷和换向元件易磨损，需要定期维护。相比之下，交流伺服电机的结构简单，制造成本低，且转子惯量比直流电机小，动态响应快。在相同的体积下，交流伺服电机的输出功率高于直流伺服电机。

2. 联轴器

联轴器是一种将主动轴和从动轴连接起来以传递运动与扭矩的机械部件。数控铣床伺服进给系统通常利用联轴器将电机输出轴和滚珠丝杠螺母副连接起来，进而将电机轴的旋转运动转化为与滚珠丝杠螺母副固定连接的工作台的直线运动。

联轴器可分为刚性联轴器和挠性联轴器两大类。刚性联轴器由刚性元件组成，结构简单，装配、拆卸方便，但不能补偿两连接轴轴线的相对偏移量，也不具备缓冲和减震性能，因此通常应用于载荷平稳、两轴轴线同轴度较高的场合。挠性联轴器中含有弹性元件，除具有补偿两轴轴线相对位移的能力外，还具有缓冲和减震作用，通常用于连接两轴有较大安装误差及工作时两轴有相对位移的场合。常见的挠性联轴器有十字滑块联轴器、梅花联轴器和膜片联轴器等。

（1）十字滑块联轴器

如图 2-3 所示，十字滑块联轴器由两个端面开有径向凹槽的半联轴器和两端各具有凸榫结构的中间滑块组成。滑块两端凸榫相互垂直，分别嵌在两个半联轴器的凹槽中，构成移动副，可补偿安装及旋转时两连接轴间的相对位移。中间滑块的材料为工程塑料或橡胶，具有良好的耐磨性、耐腐蚀性和绝缘性。装配时，首先将两个半联轴器分别安装在待连接轴上，使两个半联轴器端面凹槽成 90°；然后紧固其中一个半联轴器上的螺钉，将其固定在轴上，并将中间滑块一侧凸榫插入凹槽内；再将另一侧凸榫插入对应半联轴器的凹槽内，紧固螺钉，完成安装。

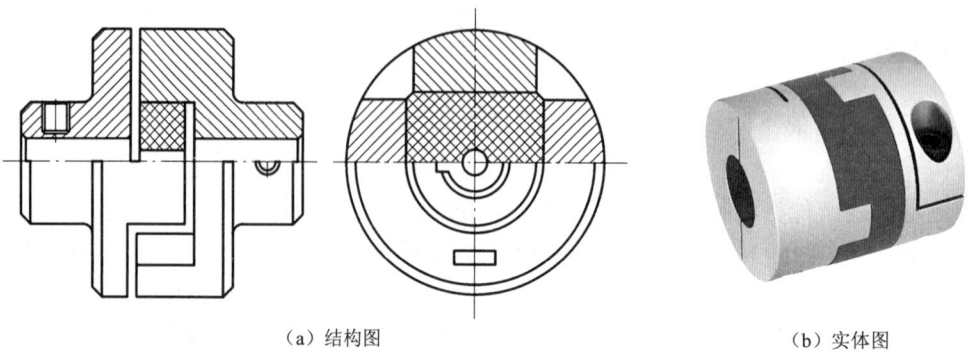

(a) 结构图　　　　　　　　　　(b) 实体图

图 2-3　十字滑块联轴器

（2）梅花联轴器

如图 2-4 所示，梅花联轴器的整体结构与十字滑块联轴器相似，不同之处在于两个半联轴器和中间弹性元件在连接处的结构形状不同。梅花联轴器是通过梅花形的咬合来实现传递动力和扭矩的，具有较好的柔性和减震效果，而十字联轴器则是通过十字形的咬合来传递动力和扭矩的，因此具有较强的刚性和传递效率。

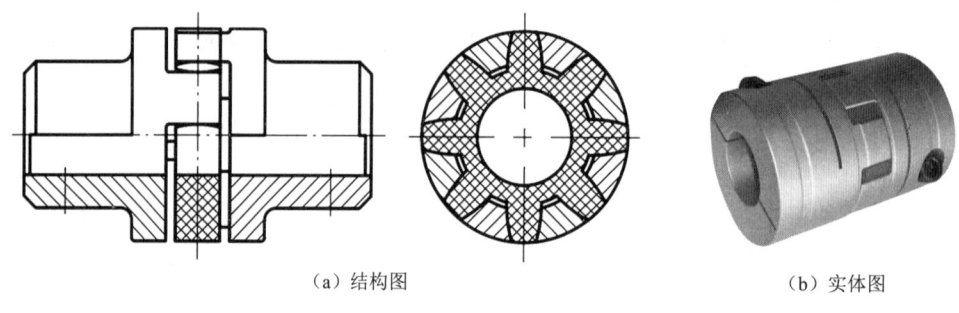

(a) 结构图　　　　　　　　　　(b) 实体图

图 2-4　梅花联轴器

（3）膜片联轴器

如图 2-5 所示，膜片联轴器由压盖、锥环、联轴套、柔性膜片、球面垫圈和螺栓等组成。若干膜片叠在一起，通过球面垫圈、螺栓与两侧的联轴套连接。依靠膜片传递扭矩，并通过膜片的弹性变形来补偿两连接轴的同轴度误差。安装时，将两轴分别插入联轴套，然后拧紧压盖螺栓，使锥套产生径向胀紧力，将轴和联轴套连接在一起。

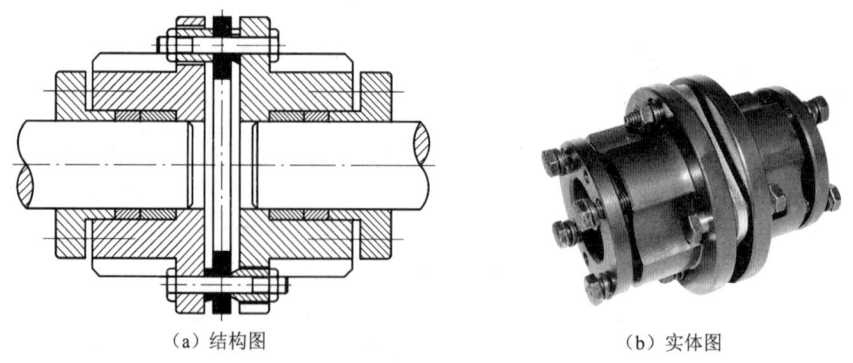

(a) 结构图　　　　　　　　　　(b) 实体图

图 2-5　膜片联轴器

3. 导轨

导轨是数控铣床的关键部件,对铣床的几何精度和运动精度有重要影响。导轨的主要功能是对安装在其上的运动部件(刀架、工作台等)起到支承和导向的作用。按制造方式的不同,导轨大体分为硬轨和线轨(线性导轨)两种。

(1)硬轨

硬轨通常是在铣床床身上铸造出导轨的形状,再经过热处理和磨削等工艺加工出满足几何精度和摩擦性能要求的导轨。图 2-6 所示为一字硬轨数控滑台,其优点是结构简单,工艺性能好,便于保证导轨的精度和刚度,缺点是导轨副之间为纯滑动摩擦,磨损快,且低速运动时易产生爬行现象。

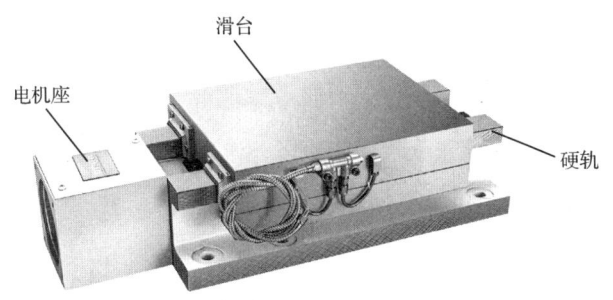

图 2-6　一字硬轨数控滑台

硬轨的截面形状有矩形、三角形、燕尾形和圆形,见表 2-1。不同截面形状的导轨的承载性能和导向性能有较大差异,应用场合也不同。

表 2-1　常见硬轨截面形状

类　型	矩　形	三　角　形	燕　尾　形	圆　柱　形
凸形				
凹形				

矩形导轨便于加工制造,承载和抗弯能力强。水平工作面用于承载,垂直工作面用于导向,两工作面互不影响,因此安装和调整方便。导向面磨损后不能自动补偿,通常采用镶条调整间隙。

三角形导轨的两个工作面倾斜布置,承载能力不如矩形导轨,但当导轨面磨损后能够自动补偿,不会产生间隙,因此导向性能比矩形导轨好。三角形导轨的承载和导向能力与导轨顶角有关。顶角越小,承载能力越差,但导向性能越好。导轨顶角一般取 90º,重载铣床为了提高导轨的承载能力,顶角可取 120°;精密铣床为了提高导轨的导向性,顶角取值可以小于 90°。

燕尾形导轨的两燕尾面为凹面,制造工艺过程相对复杂。磨损后不能自动补偿,因此在装配和维修时需要采用镶条调整间隙。导轨的水平面主要起承载作用，两侧燕尾面主要起导向作用，同时能够承受颠覆力矩。燕尾角一般为 55°。

圆柱形导轨制造方便，工艺性能好，外圆柱表面用外圆磨削加工，内孔面用珩磨加工，但磨损后调整间隙困难，导向性能不好。圆柱形导轨的抗弯能力差，主要应用在承受轴向载荷的工作场合。

（2）线轨

硬轨是与铣床床身一体铸造出来再经过一系列加工工序得到的，因此硬轨的生产周期长，加工、维修技术要求高。线轨是独立于床身之外，由生产厂家模块化生产出来的部件，可直接装配到铣床床身上，损坏后更换新线轨即可，维修方便、成本低。图 2-7 所示为一字线轨数控滑台。

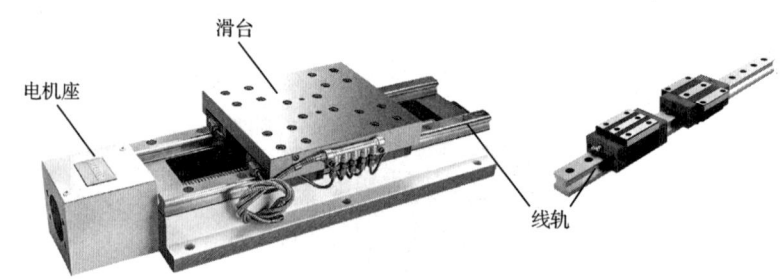

图 2-7　一字线轨数控滑台

如图 2-8 所示，在线轨的滑块和滑轨之间存在滚动体，当滑块移动时，滚动体在上、下保持器内循环滚动，因此摩擦系数小，起动轻便，运动灵敏，不易发生爬行现象，且重复定位精度高。但线轨结构复杂，元件多，刚度低，承载能力和抗震性能不如硬轨。

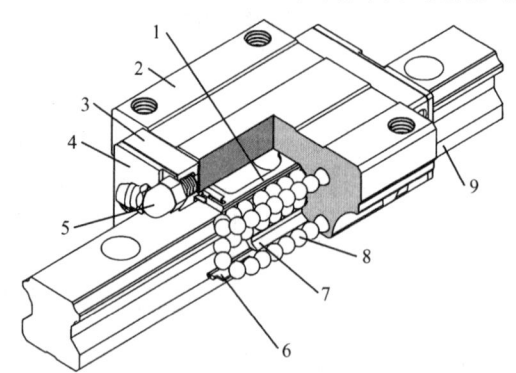

1—上保持器；2—滑块；3—端盖；4—密封垫片；5—油嘴；
6—密封垫片；7—下保持器；8—滚动体；9—滑轨

图 2-8　线轨构造图

4. 支承轴承

滚动轴承是数控铣床进给驱动部件中常用的支承轴承，包括圆柱滚子轴承、圆锥滚子轴承、角接触球轴承和双向推力角接触球轴承等。

圆柱滚子轴承有单列和双列两类（见图 2-9（a）、(b)），其只能承受径向载荷，不能承受轴向载荷，通常需要和推力轴承组合使用。圆锥滚子轴承同样有单列和双列两类（见图 2-9（c）、（d）），单列圆锥滚子轴承能够承受径向载荷和单向轴向载荷；双列圆锥滚子轴承能够承受径向载荷和双向轴向载荷。圆柱滚子和圆锥滚子与滚道的接触均是线接触，接触面积大，因此承载能力大，但产生的摩擦热量也高。为减小滚子的温升，可以将滚子做成中空结构，以便润滑油通过，但这也增加了滚子的加工工艺成本。

角接触球轴承（见图 2-9（e））的滚动体与滚道是点接触，因此承载能力不如滚子轴承，但产生的摩擦力小，摩擦热量低。单个角接触球轴承能够承受径向载荷和单方向的轴向载荷。轴向承载能力与接触角有关，接触角越大，轴向承载能力越大。角接触球轴承通常成组使用，当两个轴承面对面配置时，能够承受双向轴向载荷；背靠背配置时，还能够承受集中力偶；串联配置时，能够承受较大的单向轴向载荷。双向推力角接触球轴承（见图 2-9（f））用来承受双向轴向载荷，不能承受径向载荷，因此该种轴承通常与双列圆柱滚子轴承配套使用。

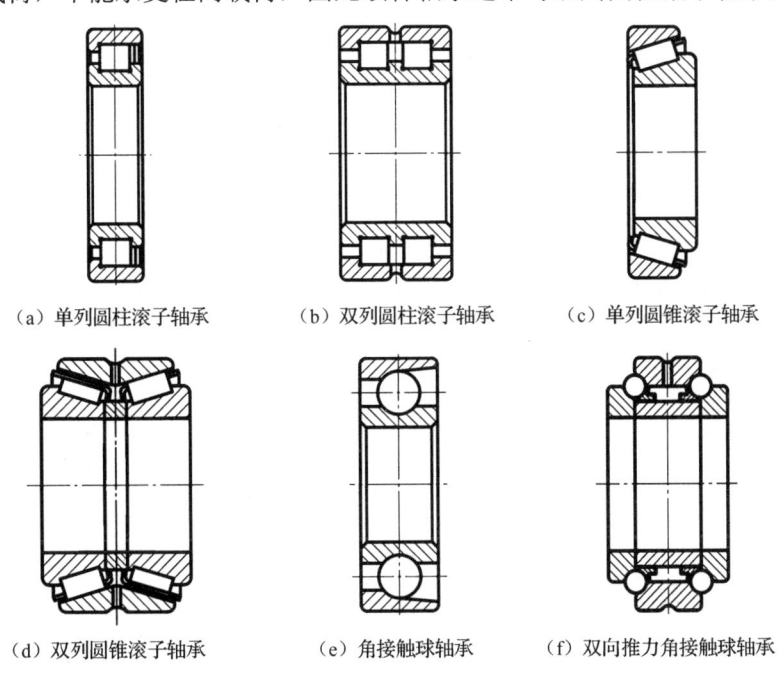

图 2-9 几种典型的支承轴承

（1）轴承的拆卸方法

轴承拆卸是铣床维修的关键环节，不能盲目操作，以免损坏轴承精度。轴承内、外圈与轴、轴承座之间为配合关系，若为紧配合或者装配界面锈死，轴承的拆卸就会变得很困难。几种常用的轴承拆卸方法如下：

① 用拉马拆卸。根据轴承尺寸大小选择合适的拉马，把拉马脚爪紧扣在轴承内圈上，拉马的丝杠与转轴保持平行，丝杠顶点对准转轴中心，注意脚爪不能挂在外圈上，以免轴承损坏。转动手柄并均匀缓慢用力，拉出轴承。为了便于拆卸，可以在轴承内圈与转轴间渗入润滑油。

② 用铜棒拆卸。一端顶住轴承内圈，用手锤敲打铜棒的另一端，轮流敲打轴承内圈的两个对应侧，使内圈受力均匀。敲打时用力不能过猛，避免损坏轴承。

③ 用压力机拆卸。压力机的推动方式有手动推动、机械推动、气压推动和液压推动。使用压力机推压拆卸轴承，工作平稳可靠，不易损坏轴承。推压时，要确保压力载荷集中在转轴中心，不能有偏差。

④ 加热法拆卸。采用加热环或其他加热方法加热轴承内圈，利用热胀冷缩的原理，使轴承内圈胀大，再将其拆下。这种方法适合装配太紧或者轴承锈死等难以拆卸的情况。

（2）轴承拆装的注意事项

① 拆卸工具不能直接作用在滚动体上，防止损伤滚动体。

② 轴承拆卸后，若继续使用，则需要妥善保管，避免轴承锈蚀损坏。

③ 根据轴承类型、尺寸、配合方式选择合适的拆卸方法和拆卸工具。

④ 拆卸后检查轴承状态，如果轴承有明显损坏、异响或松动问题，建议更换轴承。

5. 滚珠丝杠螺母副

滚珠丝杠螺母副是将旋转运动转换为直线运动的机构，是数控铣床进给传动系统使用最为广泛的传动装置，如图 2-10 所示。滚珠丝杠的输入端通过联轴器与电机输出轴连接，获得旋转速度，丝杠螺母通过螺母座与工作台固定连接在一起，从而在滚珠丝杠旋转时能够带动工作台做直线进给运动。丝杠与丝杠螺母间的螺旋槽构成了闭合回路，钢珠可以在回路内循环滚动，因此丝杠与丝杠螺母之间为纯滚动摩擦。

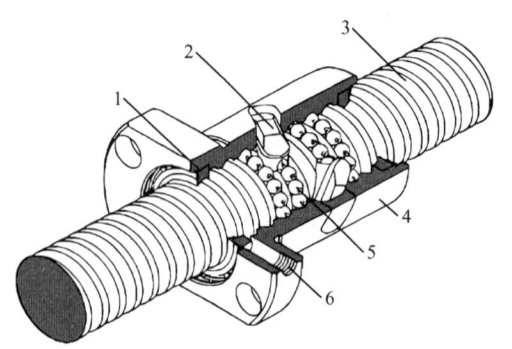

1—密封圈；2—回珠器；3—丝杠；
4—丝杠螺母；5—钢珠；6—油孔

图 2-10 滚珠丝杠螺母副

（1）滚动丝杠螺母副的特点

① 驱动力小、传动效率高

由于丝杠与丝杠螺母之间为纯滚动摩擦，因而启动转矩小，运动灵敏，低速运动时不易出现爬行现象。此外，摩擦力小，功率损失少，传动效率高。

② 轴向刚度高

滚珠丝杠螺母副主要承受轴向力，与螺母连接的运动部件的径向载荷由其他部件承载（如导轨）。滚珠丝杠在使用时需要进行轴向预紧，以消除丝杠和丝杠螺母之间的间隙，提高滚珠丝杠螺母副的轴向刚度。

③ 定位精度高

滚珠丝杠的轴向预紧可以消除运动换向造成的"死区误差"。此外，传动过程中温升小，可通过滚珠丝杠预拉伸补偿热伸长量，因此，滚珠丝杠螺母副能够获得较高的定位精度和重复定位精度。

④ 高速传动性能好

丝杠与丝杠螺母之间的摩擦阻力小，运动平稳，摩擦热量小，磨损小，因此滚珠丝杠螺母副可以实现执行部件的高速进给。

⑤ 同步性好

滚珠丝杠螺母副的定位精度高、运动灵敏，因此在需要同步传动的场合，用几套相同导程的滚珠丝杠螺母副可以获得良好的同步性。

⑥ 配套性好

滚珠丝杠螺母副由专业厂家生产，选用配套方便。出现故障后，便于维修，也可直接购买同型号的产品替换。

（2）滚珠丝杠螺母副的安装方式

滚珠丝杠螺母副是铣床进给传动系统的核心部件，若安装方式不正确，不仅会降低进给传动系统的刚度，还会影响传动精度，滚珠丝杠的使用寿命也会大大降低。滚珠丝杠螺母副的安装方式有以下几种。

① 一端固定，一端自由

如图2-11（a）所示，这种安装方式为悬臂支承结构。尽管工作台载荷由导轨承担，但仍有部分载荷会通过丝杠螺母座传递到滚珠丝杠上。滚珠丝杠越长，刚度越低，对传动精度的影响越大。这种安装方式适用于水平运动行程小或垂直运动的应用场合。

② 两端游动

如图2-11（b）所示，相比于一端自由的安装方式，这种安装方式下滚珠丝杠的径向刚度有所提高，但由于两端均可做微量的轴向移动，因此轴向刚度不高，滚珠丝杠的压杆稳定性和临界转速也不高。这种安装方式适用于中等转速的应用场合。

③ 一端固定，一端游动

如图2-11（c）所示，滚珠丝杠的固定端承受径向载荷和轴向载荷，而另一端只承受径向载荷，且可做微量的轴向移动。这种安装方式下滚珠丝杠的轴向刚度和径向刚度都较高，滚珠丝杠的压杆稳定性和临界转速也较高。这种安装方式适用于有高精度要求的长滚珠丝杠安装。

④ 两端固定

如图2-11（d）所示，滚珠丝杠两固定端均能够承受径向载荷和轴向载荷，这种安装方式下滚珠丝杠的刚度最高。安装时，需要保证丝杠螺母和两端支承的同轴度，安装工艺较为复杂。为消除滚珠丝杠热变形的影响，在一端支承位置安装碟形弹簧和调整螺母，这样既能补偿滚珠丝杠的热变形，又能对滚珠丝杠施加预紧载荷。这种安装方式适用于高精度和高速旋转的滚珠丝杠安装。

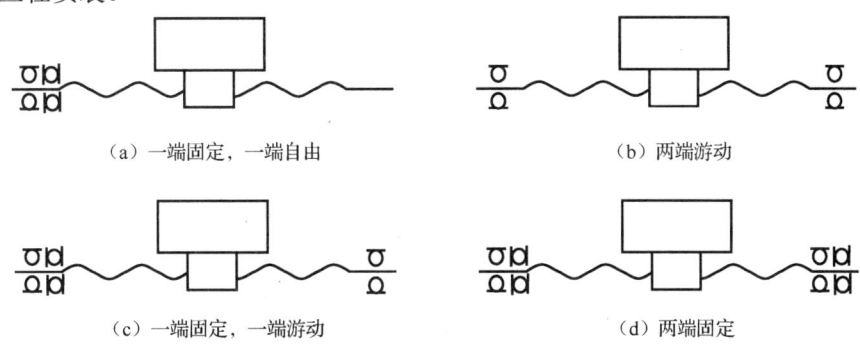

图 2-11 滚珠丝杠螺母副的安装方式

（3）滚珠丝杠螺母副安装、拆卸的注意事项

在装配前，确保所有滚珠丝杠螺母副的零部件和工具准备齐全，包括滚珠丝杠、丝杠螺母、支承座、预紧装置和检测装置等，同时检查滚珠丝杠和丝杠螺母的配合面是否清洁，必

要时进行清洁处理；阅读进给传动系统的装配图纸、滚珠丝杠制造商提供的说明书等资料，遵循正确的安装顺序进行装配。装配时，使用适当的润滑剂涂抹在滚珠丝杠的螺纹部分，以减少摩擦和磨损；使用合适的测量工具（如千分尺、游标卡尺等）测量滚珠丝杠的正母线和侧母线，确保其直线度和平行度达到规定的安装精度；对滚珠丝杠进行预紧时，要按照说明书进行，并借助测试仪器进行调整，避免处理不当导致精度下降。装配完成后，应进行试运行，确保滚珠丝杠运转平稳、顺畅，无异常噪声或振动，还要进行功能检测，包括定位精度、重复定位精度和反向间隙等，确保进给传动系统的稳定性和传动精度。

在拆卸前，应明确滚珠丝杠及其连接部件的装配关系，确定拆卸顺序，以便在后续装配时正确还原。拆卸时，使用适当的工具，遵循正确的拆卸顺序，逐一拆卸；不能施加过大的力，以免划伤或损坏滚珠丝杠，尤其注意保护滚珠丝杠的螺纹部分。拆卸后，清洁丝杠、丝杠螺母、轴承等部件，确保没有灰尘、铁屑、纤维等杂质；检查滚珠丝杠的各个元件，如有损坏或磨损，需及时更换；检查滚珠丝杠的安装精度，包括轴线的直线度、平行度和垂直度等，如果误差超标，需要及时调整或更换。

6. 立式数据铣床工作台

图 2-12 所示为立式数控铣床工作台的机械结构。该工作台为十字结构，床身 1 上安装 Y 轴线性导轨副 2，导轨滑块通过螺栓与 Y 轴滑台 3 固定连接，从而使得整体工作台做 Y 轴直线进给运动。X 轴伺服电机 4 通过电机座 5 固定在 Y 轴滑台上，并通过联轴套 6 与滚珠丝杠螺母副 9 连接，驱动滚珠丝杠旋转。滚珠丝杠通过前、后支承轴承固定在 Y 轴滑台上，丝杠螺母通过螺母座 8 与 X 轴滑台 10 固定连接，从而带动滑台在 X 轴线性导轨副 11 上做 X 轴直线进给运动。根据数控指令，两个进给坐标轴可以单动或者联动。

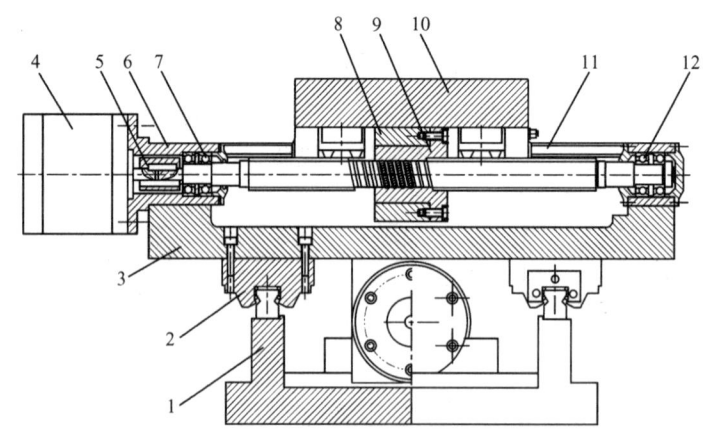

1—床身；2—Y 轴线性导轨副；3—Y 轴滑台；4—X 轴伺服电机；5—电机座；6—联轴套；7—X 轴前支承轴承；
8—螺母座；9—滚珠丝杠螺母副；10—X 轴滑台；11—X 轴线性导轨副；12—X 轴后支承轴承

图 2-12 立式数控铣床工作台的机械结构

低档的数控铣床通常为开环控制，使用步进电机驱动滚珠丝杠带动工作台做直线进给运动，定位精度为 $10\mu m$；中档数控铣床通常为半闭环控制，使用直、交流伺服电机，定位精度可达 $1.0\mu m$；高档数控铣床通常为闭环控制，使用直、交流伺服电机，定位精度最高可达 $0.1\mu m$。对于闭环控制系统，需要在工作台的移动部件上安装直线位置检测装置。

2.3 关键部件拆装实践

2.3.1 主轴部件拆装

图 2-13 所示为数控铣床主轴部件实体图,包括主轴套筒、主轴、轴承和皮带轮等,零部件之间的装配关系见图 2-2。

准备好拆卸工具,然后按照拆装规范进行拆卸,具体步骤如下:

(1)使用内六角扳手松脱压盖与主轴的连接螺栓,拆卸压盖;

图 2-13 数控铣床主轴部件实体图

(2)取出压环;

(3)使用手动或液压拉马拆卸皮带轮,使用尖嘴钳取出键;

(4)使用内六角扳手松脱后端盖与主轴套筒的连接螺栓,取下后端盖;

(5)旋出轴承内圈的锁紧螺母;

(6)使用内六角扳手松脱端面键与主轴的连接螺栓,取下端面键;

(7)使用内六角扳手松脱前端盖与主轴套筒的连接螺栓,拆卸前端盖;

(8)取下前端外套圈;

(9)将主轴部件前端向下竖直放置,支承住主轴套筒端面,使用轴承拆卸液压机主轴末端端面,使主轴套筒、后支承轴承和轴承外圈挡圈逐渐脱离主轴,拔出主轴套筒,取出轴承和轴承外圈挡圈;

(10)取出前、后支承隔套;

(11)使用液压机或拉马拆卸前支承轴承;

(12)拆卸上、下密封环;

(13)拆卸完成。

主轴部件的拆卸过程及拆卸零件见表 2-2。

表 2-2 主轴部件的拆卸过程及拆卸零件

步 骤	装 配 体	拆 卸 零 件	连 接 元 件
1		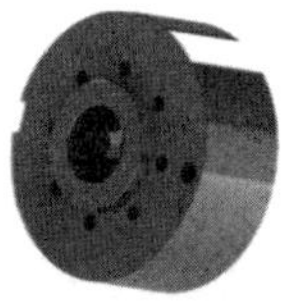	 ×8
2			

续表

步 骤	装 配 体	拆卸零件	连接元件
3			
4			 ×4
5			
6			 ×2
7			 ×4
8			
9		  	

·44·

续表

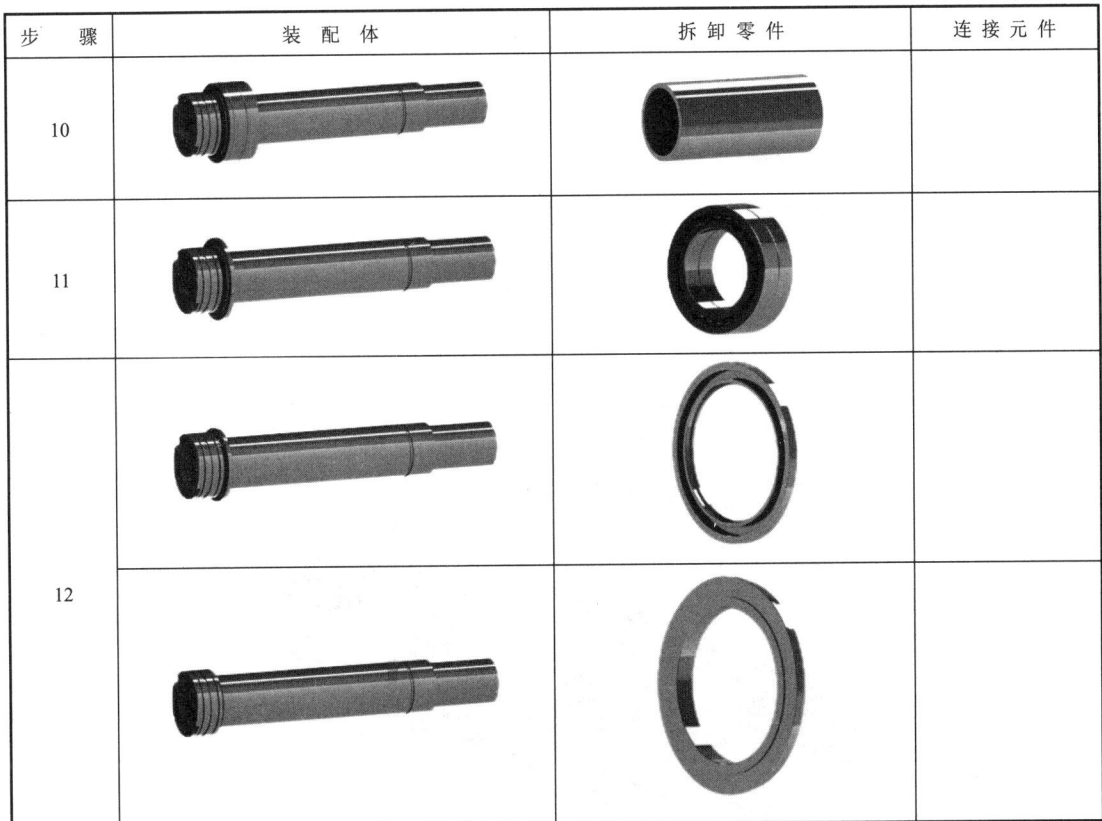

步骤	装配体	拆卸零件	连接元件
10			
11			
12			

铣床主轴部件的安装步骤如下：

（1）将主轴轴承滚道涂上润滑油脂，用专用清洗剂清洗主轴表面；

（2）将主轴前端向下垂直放稳，装入下密封环和上密封环；

（3）确定前支承轴承的装配方式和顺序，采用轴承内圈加热的热装法依次将前支承轴承安装到主轴轴颈上，也可用铜棒或手锤均匀轻敲轴承的内圈至轴颈安装位置；

（4）装入轴承定位隔套；

（5）套上主轴套筒；

（6）将主轴水平放置，依次安装外套圈和前端盖，紧固螺栓；

（7）再次将主轴前端向下垂直放置，安装轴承外圈挡圈；

（8）按照步骤（3）装入主轴后支承轴承；

（9）旋入轴承内圈锁紧螺母；

（10）安装后端盖，紧固螺栓；

（11）将连接键插入主轴末端键槽；

（12）主轴末端抹上机油，将皮带轮键槽和主轴上的连接键对齐，用铜棒或手锤均匀轻敲皮带轮端面至预定安装位置；

（13）在主轴末端套上压环；

（14）安装压盖，紧固螺栓；

(15) 在主轴前端对应位置安装端面键；

(16) 安装完成。

2.3.2 十字数控滑台拆装

图 2-14 所示为十字数控滑台实体图，分为 X 轴驱动结构、Y 轴驱动结构和工作台三层结构。X 轴驱动结构和 Y 轴驱动结构相同，均由床身（滑台）、线轨、滚珠丝杠螺母副和前、后支承轴承组成。数控滑台零部件之间的装配关系见图 2-15。

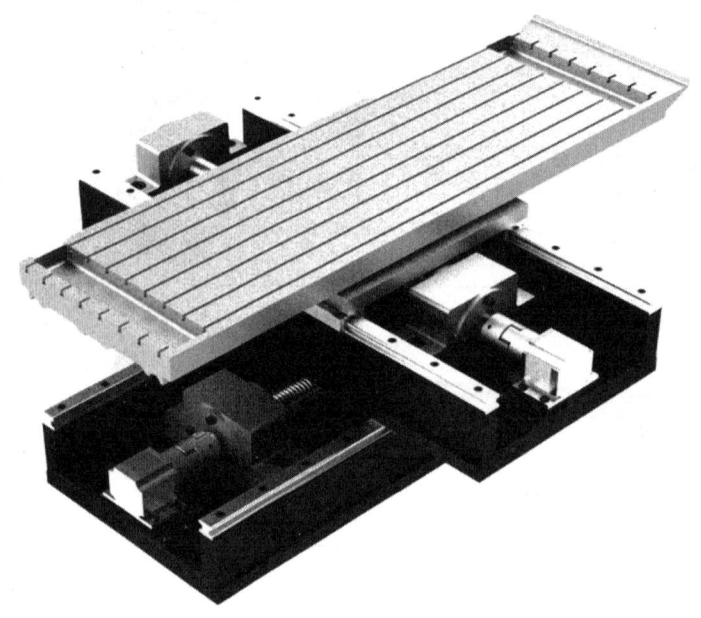

图 2-14 十字数控滑台实体图

十字数控滑台的拆卸步骤如下：

(1) 使用内六角扳手松脱工作台与 Y 轴滑台的连接螺栓，使用拔销器拔出定位销，拆下工作台；

(2) 使用内六角扳手松脱滑台与螺母座的连接螺栓，松脱滑台与 4 个滑块的连接螺栓，拆下 Y 轴滑台；

(3) 使用临时轨取下 Y 轴线性导轨滑块；

(4) 使用内六角扳手松脱导轨与 X 轴滑台的连接螺栓，拆卸 Y 轴线性导轨；

(5) 使用螺丝刀拧松联轴器电机端的顶丝，并用内六角扳手松脱电机座和 X 轴滑台的连接螺栓，拆下伺服电机；

(6) 使用螺丝刀拧松联轴器滚珠丝杠端的顶丝，拆下联轴器；

(7) 使用内六角扳手松脱滚珠丝杠前支承座两侧轴承盖的螺栓，取下外侧轴承盖和压环；

(8) 使用内六角扳手松脱滚珠丝杠前支承座与 X 轴滑台的连接螺栓，拆下前支承座；

(9) 使用拉马拆下前支承轴承；

(10) 从滚珠丝杠上取下前支承座内侧压环和轴承盖；

(11) 使用内六角扳手松脱滚珠丝杠后支承座两侧轴承盖的螺栓，取下外侧轴承盖和压环；

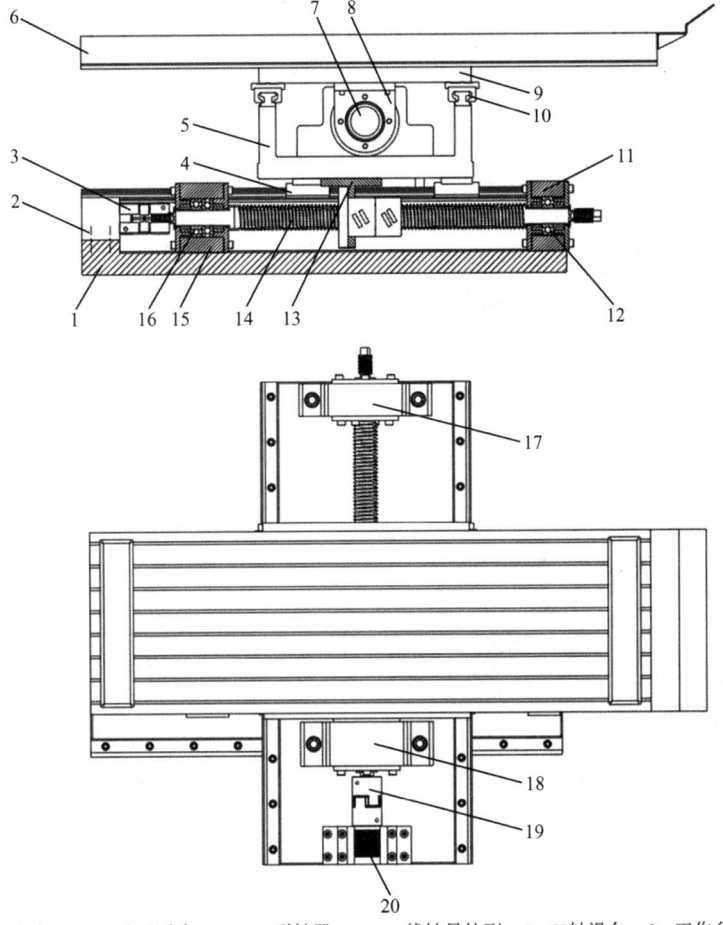

1—床身；2,20—伺服电机；3,19—联轴器；4,10—线性导轨副；5—X轴滑台；6—工作台；
7,14—滚珠丝杠螺母副；8,13—螺母座；9—Y轴滑台；11—X轴后支承座；12,16—轴承；
15—X轴前支承座；17—Y轴后支承座；18—Y轴前支承座

图 2-15　十字数控滑台装配图

（12）从后支承座内抽出 Y 轴滚珠丝杠和支承轴承，使用内六角扳手松脱滚珠丝杠螺母与螺母座的连接螺栓，拆下螺母座，使用拉马拆下轴承，取下支承座内侧压环和轴承盖；

（13）使用内六角扳手松脱滚珠丝杠前支承座与 X 轴滑台的连接螺栓，拆下后支承座；

（14）使用内六角扳手松脱 X 轴滚珠丝杠螺母座、4 个滑块与 X 轴滑台的连接螺栓，拆下 X 轴滑台；

（15）依照步骤（3）至（13）拆卸 X 轴驱动和导向部件；

（16）完成拆卸。

十字数控滑台的拆卸过程及拆卸零件见表 2-3。

表 2-3 十字数控滑台的拆卸过程及拆卸零件

步骤	装配体	拆卸零件	连接元件
1			×2 ×2
2			×4 ×16
3			
4			×22

续表

步骤	装配体	拆卸零件	连接元件
5			×4
6			
7			×8
8			×2

续表

步　骤	装　配　体	拆卸零件	连接元件
9			
10			
11			 ×4
12			
			 ×4

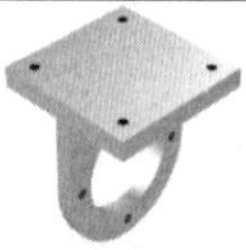

·50·

续表

步骤	装配体	拆卸零件	连接元件
13			×2
14			×4 ×16

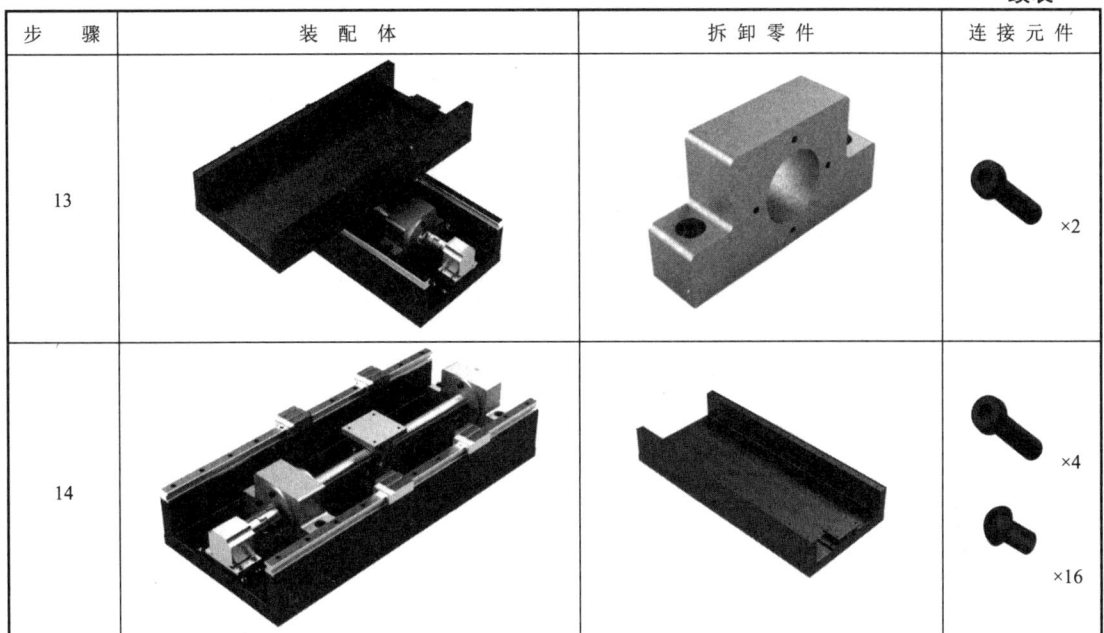

十字数控滑台的安装步骤如下:
(1) 调平床身,检查 X 轴向导轨安装面,并用油石打磨去除毛刺和杂物;
(2) 将线性导轨紧靠安装基准面,拧入螺栓,注意每一颗螺栓与导轨安装孔之间要留有间隙,以便于后期调整,然后使用扭力扳手轻轻固定螺栓,但不要过紧;
(3) 安装导轨滑块,使用平尺和指示表检测两条导轨的平行度、单侧导轨面的平直度等;
(4) 将 X 轴前支承座安装到床身对应位置;
(5) 将滚珠丝杠穿过螺母座,紧固丝杠螺母和螺母座的连接螺栓;
(6) 在滚珠丝杠电机端套上内侧轴承盖,然后将滚珠丝杠从内向外穿入前支承座,紧固轴承盖的螺栓,接着依次安装内侧压环、轴承、外侧压环,最后安装外侧轴承盖并紧固螺栓;
(7) 在滚珠丝杠末端套上后支承座的内侧轴承盖,然后将后支承座套入滚珠丝杠并用螺栓紧固安装到对应位置,再紧固内侧轴承盖的螺栓,接着依次安装内侧压环、轴承、外侧压环,最后安装外侧轴承盖并紧固螺栓;
(8) 测量滚珠丝杠的安装精度,反复调整,直至满足装配要求;
(9) 在床身对应位置安装电机座,在滚珠丝杠前端插入联轴器,然后将电机放到电机座上,并使电机轴插入联轴器的另一端孔内,拧紧联轴器两端的顶丝,紧固电机座的螺栓;
(10) 使用内六角螺栓、定位销将 X 轴滑台安装到螺母座和 4 个导轨滑块上;
(11) 依照步骤(1)至(3)在 X 轴滑台安装 Y 轴线性导轨副;
(12) 依照步骤(4)至(8)安装 Y 轴滚珠丝杠;
(13) 依照步骤(9)安装伺服电机;
(14) 使用内六角螺栓、定位销将 Y 轴滑台安装到螺母座和 4 个导轨滑块上;
(15) 使用内六角螺栓、定位销将工作台安装到 Y 轴滑台上;
(16) 完成安装。

实验报告

实验名称：_____
实验日期：_____
同 组 人：_____
指导教师：_____

得　分	
批阅人	

==

1．实验目的

2．实验设备、仪器、工量具

3．实验内容

4．实验步骤与操作

5．实验思考

（1）简述所拆装的数控铣床主轴部件的结构、工作原理，描述装配关系，绘制装配图并标注配合尺寸及公差。

（2）简述数控铣床工作台部件的结构、工作原理，描述装配关系，绘制装配图并标注配合尺寸及公差。

6．实验心得体会

第二部分　数控机床几何精度检测

机床的几何精度是指在空载条件下，机床工作部件不运动或低速运动时各主要零部件的形状、相互位置和相对运动的精确程度。它是评价机床质量的基本指标，与机床的结构设计、制造和装配质量有关。数控机床的几何精度是影响机械零件加工精度的主要因素之一。若机床本身的几何精度不高，那么零件的加工精度也很难保证。如车床导轨在水平面内的直线度误差将影响外圆车削的圆度和圆柱度；立式铣床的主轴与工作台的垂直度误差将影响平面铣削的平面度等。

理解数控机床几何精度的含义，掌握几何精度的测量方法，对于数控机床的安装调试、维护维修有重要意义。

本部分的主要实践内容：

1. 数控车床几何精度检测
   ✦ 导轨几何精度检测
   ✦ 主轴几何精度检测
   ✦ 尾座几何精度检测
2. 数控铣床几何精度检测
   ✦ 坐标轴几何精度检测
   ✦ 主轴几何精度检测

第3章 数控车床几何精度检测

数控车床主要用于加工各种回转表面和回转体的端面,如车削内外圆柱面、圆锥面、环形槽及回转曲面等。车削加工后,一般需要检测零件的尺寸精度、直线度、圆度、圆柱度及平面度等。数控车床的加工精度与其自身的几何精度有密切相关。数控车床的几何精度通常指主轴、导轨和尾座等的形状精度以及它们之间的位置精度。

3.1 几何精度检测及公差

简式数控卧式车床几何精度可依据国家标准 GB/T 25659.1—2010,该标准中常见的几何精度检测项目及公差见表 3-1。

表 3-1 简式数控卧式车床常见的几何精度检测项目及公差

序号	检测项目	公差/mm	
		$D_a \leq 800$	$D_a > 800$
1	导轨精度 a) 纵向 导轨在垂直平面内的直线度	$D_c \leq 500$	
		0.010(凸)	0.015(凸)
		$500 < D_c \leq 1000$	
		0.020(凸)	0.025(凸)
		局部公差:在任意 250 测量长度上为	
		0.075	0.010
		$D_c > 1000$,最大工件长度每增加 1000,公差增加	
		0.010	0.015
		局部公差:在任意 500 测量长度上为	
		0.015	0.020
	b) 横向 导轨在垂直平面内的平行度	0.04/1000	
2	溜板移动在 ZX 平面内的直线度	$D_c \leq 500$	
		0.015	0.020
		$500 < D_c \leq 1000$	
		0.020	0.025
		$D_c > 1000$,最大工件长度每增加 1000,公差增加 0.005,最大公差为	
		0.030	0.050
3	尾座移动对溜板移动的平行度: a) 在 YZ 平面内 b) 在 ZX 平面内	$D_c \leq 1500$	
		a) 和 b) 0.030	a) 和 b) 0.040
		局部公差:在任意 500 测量长度上为 0.020	
		$D_c > 1500$,a) 和 b) 0.040	
		局部公差:在任意 500 测量长度上为 0.030	

续表

序号	检验项目	公差/mm	
		$D_a \leq 800$	$D_a > 800$
4	主轴端部的跳动： a) 主轴的轴向窜动 b) 主轴轴肩支承面的跳动	a) 0.010 b) 0.020（包括轴向窜动）	a) 0.015 b) 0.020（包括轴向窜动）
5	主轴定心轴颈的径向跳动	0.010	0.015
6	主轴锥孔轴线的径向跳动： a) 靠近主轴端部 b) 距主轴端部 L 处	a) 0.010 b) $L=300$ 处：0.020	a) 0.015 b) $L=500$ 处：0.050
7	主轴轴线对溜板移动的平行度： a) 在 YZ 平面内 b) 在 ZX 平面内	a) 在 300 测量长度上为 0.020（只许向上偏） b) 在 300 测量长度上为 0.015（只许偏向刀具）	a) 在 500 测量长度上为 0.040（只许向上偏） b) 在 500 测量长度上为 0.030（只许偏向刀具）
8	顶尖的跳动	0.015	0.020
9	尾座套筒轴线对溜板移动的平行度： a) 在 YZ 平面内 b) 在 ZX 平面内	a) 在 100 测量长度上为 0.015（只许向上偏） b) 在 100 测量长度上为 0.010（只许偏向刀具）	a) 在 100 测量长度上为 0.020（只许向上偏） b) 在 100 测量长度上为 0.015（只许偏向刀具）
10	尾座套筒锥孔轴线对溜板移动的平行度： a) 在 YZ 平面内 b) 在 ZX 平面内	a) 在 300 测量长度上为 0.030（只许向上偏） b) 在 300 测量长度上为 0.030（只许偏向刀具）	
11	主轴和尾座两顶尖的等高度	0.040（只许尾座高）	0.060（只许尾座高）

注：①对于斜床身车床，直线度偏差方向不要求凸；②D_a 表示床身上的最大回转直径，D_c 表示最大工件长度；③在导轨两端 $D_c/4$ 测量长度上，局部公差可以加倍；④ZX 平面是指通过刀尖与主轴轴线所确定的平面，该平面对工件直径尺寸产生重要影响；⑤YZ 平面是指通过主轴轴线且与 ZX 平面垂直的平面，该平面对工件直径尺寸产生次要影响。

3.2 常用检测工具

1. 指示表

指示表是利用齿条与齿轮或杠杆与齿轮的转动，将测量头的直线位移转变为指针在表盘上的角位移的一种测量工具，主要用于检测工件的尺寸精度和形位精度。数控车床几何精度检测指示表根据分度值的不同，分为百分表和千分表；根据显示方式的不同，又分为机械式和数显式。使用万向磁力表座夹持普通指示表可以适用于大部分的测量场合，但当测量内孔径或普通指示表的测量头难以触及的表面时，需要使用杠杆表，如图 3-1 所示。

百分表的分度值为 0.01mm，车床几何精度检测常用的机械百分表的量程范围一般为 0~5mm 和 0~10mm，数显百分表的量程范围一般为 0~12.7mm。千分表的分度值为 0.001mm，车床几何精度检测常用的机械千分表的量程范围一般为 0~1mm，数显千分表的量程范围一般为 0~12.7mm。数显指示表的功能较多，除了实时显示测量数据，还具有任意位置置零、单位制转换、数据存储等功能。

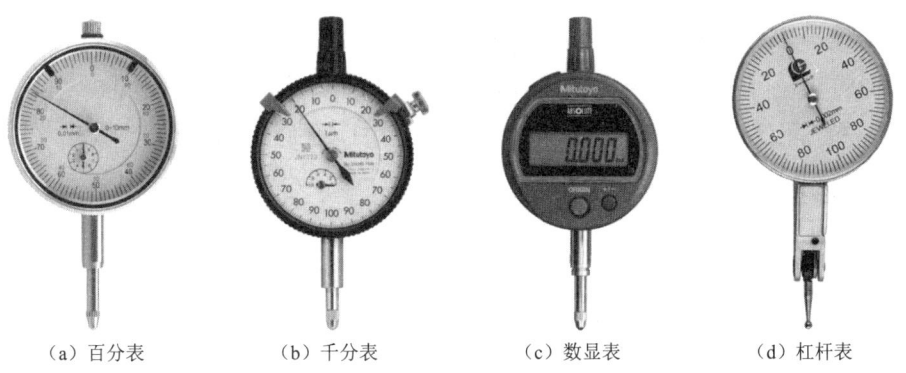

(a）百分表　　　（b）千分表　　　（c）数显表　　　（d）杠杆表

图 3-1　指示表

为了适用于不同的测量表面，指示表测量头的类型有多种，如图 3-2 所示。球形测量头是标准测量头，适用于大部分测量使用需求；弧面测量头适用于向一侧滑动工件表面的测量；平面测量头适用于工件凸表面的测量；尖锥测量头和刀口测量头适用于工件狭窄表面的测量。

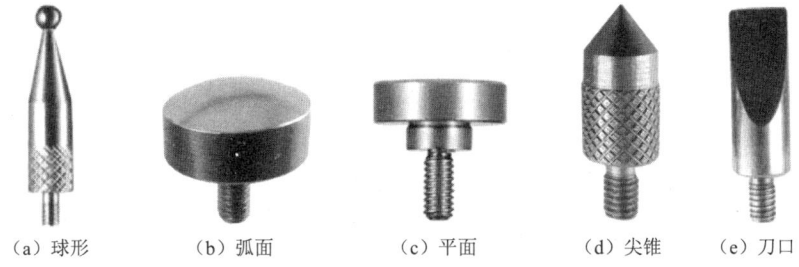

(a）球形　　（b）弧面　　（c）平面　　（d）尖锥　　（e）刀口

图 3-2　指示表测量头

2. 水平仪

水平仪是一种测量小角度的常用量具，在车床几何精度检测中主要用于测量导轨的直线度、平行度，工作台的平面度等，常用的水平仪有框式水平仪和条式水平仪两种，如图 3-3 所示。水平仪的主要部分是一个刻有刻度的弧形玻璃管，管内装有乙醚液体，中间留一个气泡。当水平仪被放置在倾斜表面上时，管内气泡会向高处移动，读出气泡移动的格数，即可求出相应的高度差。

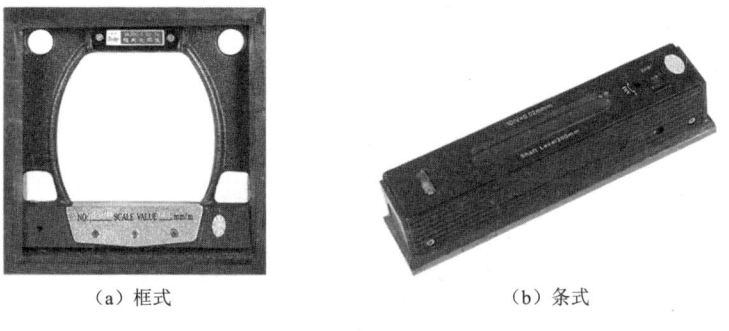

(a）框式　　　　　　　　　　（b）条式

图 3-3　水平仪

常用水平仪的灵敏度为 0.01mm/m、0.02mm/m、0.04mm/m、0.05mm/m、0.1mm/m、0.3mm/m

和 0.4mm/m 等，其含义为将水平仪置于 1m 长的直规或平板之上，气泡移动一格时直规或平板两端点的高度差。水平仪测量原理如图 3-4 所示，例如利用灵敏度为 0.02mm/m 的水平仪测量倾斜面上某段长度 L 为 200mm 处的实际倾斜值，当气泡移动格数 $n=2$ 时，实际倾斜值为

$$\Delta h = 0.02 \cdot n \cdot L = 0.02/1000 \times 2 \times 200 = 0.008 \text{mm}$$

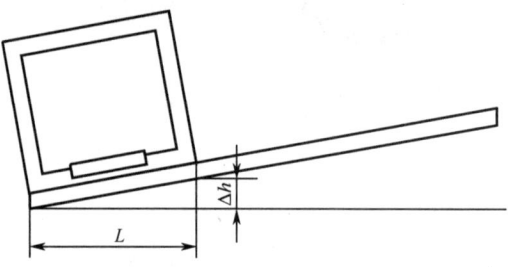

图 3-4 水平仪测量原理

当测量表面较长时，需要利用水平仪分段多次测量完成，这时需要使用图解法对测量数据进行处理分析。首先，以测量长度为横坐标，以气泡移动的"格"为纵坐标，其中第 i 次测量的纵坐标值为第 1 至第 i 次测量的气泡移动格数的代数和，绘制测量范围内的导轨直线度分析曲线。然后，用直线连接曲线两端点，将其作为基准线，则基准线以上曲线到基准线纵坐标最大差值与基准线以下曲线到基准线纵坐标最大差值之和为导轨全长的直线度误差；曲线上任意局部测量长度的两端点相对于基准线的纵坐标差值为导轨局部的直线度误差。

例如，检测某台数控车床 Z 轴导轨在垂直平面内的直线度误差，选用灵敏度为 0.02mm/m 的水平仪，将其沿 Z 轴方向放置在工作台表面，工作台每移动 250mm 测量一次，经过 5 次测量的水平仪读数依次为：+2.5、+1.5、+1.0、-1.0、-2.0（气泡移动方向和水平仪移动方向相同时读数为正值，相反时为负值）。如图 3-5 所示为根据测量数据绘制的导轨在垂直平面内的直线度误差分析曲线。由图可以计算得到导轨全长的直线度误差为

$$\delta_q = (5 - 2 \times 3/5) \times (0.02/1000) \times 250 = 0.019 \text{mm}$$

导轨的局部直线度误差为

$$\delta_j = (2.5 - 2 \times 1/5) \times (0.02/1000) \times 250 = 0.0105 \text{mm}$$

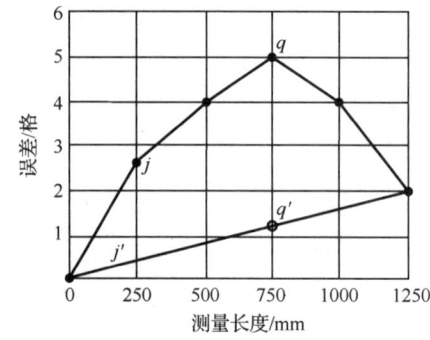

图 3-5 导轨在垂直平面内的直线度

3. 检验棒

数控车床几何精度检测常用的检验棒有莫氏锥柄检验棒、芯轴圆柱检验棒，如图 3-6 所

示。莫氏锥柄长检验棒主要用于检验主轴部件的径向跳动误差、同轴度误差和平行度误差，短检验棒（中心处有磁性钢球）主要用于检验主轴的轴向窜动；芯轴圆柱检验棒主要用于检测车床主轴和尾座部件的等高度等。

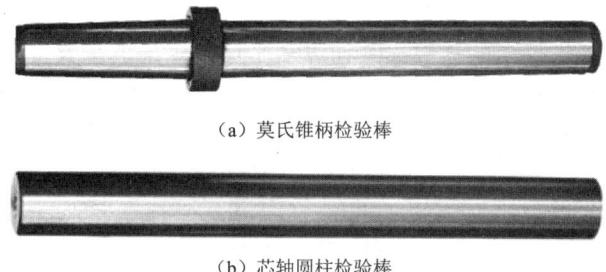

(a) 莫氏锥柄检验棒

(b) 芯轴圆柱检验棒

图 3-6　车床几何精度常用检验棒

3.3　检测方法与步骤

在进行车床几何精度检测时，需要注意以下事项：
① 确保所选量具、检具的精度和量程范围满足检测需求；
② 熟悉量具、检具的使用规范，避免出现撞表、检具划伤等现象；
③ 检测前要对被测部位和检具进行清洁处理，以免影响测量精度；
④ 检测后，要清洁量具、检具，检验棒需要进行涂油防锈处理。

3.3.1　导轨几何精度检测

1. 导轨在垂直平面内的直线度

如图 3-7 所示，测量导轨在垂直平面内的直线度的步骤：①将车床导轨等距离分成若干段，在溜板（或专用桥板）上靠近前导轨处，纵向放置一个水平仪；②以 250mm 等距离沿 Z 轴移动溜板，依次检测各段的倾斜值，记录水平仪上的读数；③使用图解法计算导轨全长直线度误差和局部直线度误差。具体操作见视频 3-1。

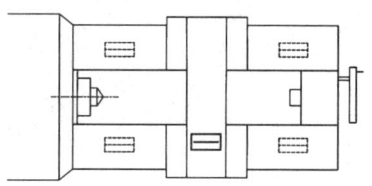

视频 3-1

图 3-7　导轨在垂直平面内的直线度测量

2. 导轨在垂直平面内的平行度

如图 3-8 所示,测量导轨在垂直平面内的平行度的步骤:①将车床导轨等距离分成若干段,在溜板(或专用桥板)上横向(X轴)放置一个水平仪;②以 250mm 等距离沿 Z 轴移动溜板,依次记录各段水平仪上的读数;③计算水平仪在全部测量长度上读数的最大代数差,该差值即为导轨在垂直平面内的平行度。具体操作见视频 3-2。

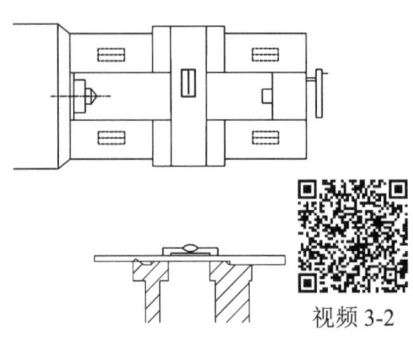

图 3-8　导轨在垂直平面内的平行度测量

3. 溜板移动在 ZX 平面内的直线度

溜板移动在 ZX 平面内的直线度即为导轨在水平面内的直线度,其测量步骤:①在主轴顶尖和尾座顶尖之间安装芯轴圆柱检验棒;②将指示表固定在溜板上,使其测量头触及检验棒表面,调整尾座,使指示表在检验棒两端的读数相等;③将溜板从导轨的一端移动到另一端,指示表读数的最大代数差就是导轨在水平面内的直线度,如图 3-9 所示。具体操作见视频 3-3。

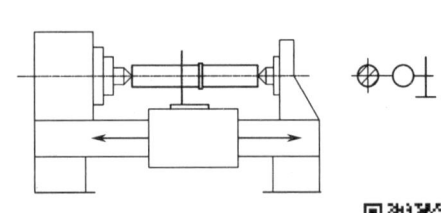

图 3-9　溜板移动在 ZX 平面内的直线度测量

4. 尾座移动对溜板移动的平行度

检测尾座移动对溜板移动的平行度,实际上是检测数控车床溜板导轨和尾座导轨之间的平行度，其测量步骤：①将指示表固定在溜板上，对于 YZ 平面内的平行度检测，使测量头触及顶尖套的上母线，对于 ZX 平面内的平行度检测，使测量头触及顶尖套的侧母线；②锁紧尾座顶尖套，用插销使尾座和溜板一起纵向移动；③记录指示表读数，在全部行程上的最大差值即为全长上的平行度误差，在任意 500mm 行程上的最大差值就是局部平行度误差，如图 3-10 所示。

（a）YZ 平面内测量

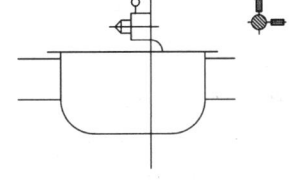

（b）ZX 平面内测量

图 3-10　尾座移动对溜板移动的平行度测量

3.3.2　主轴几何精度检测

1. 主轴端部跳动

主轴端部的跳动包括主轴的轴向窜动和轴肩支承面的跳动。测量步骤：①将检验棒插入主轴锥孔，在检验棒露出部分的端部的中心孔处放置磁性钢球；②将指示表固定在溜板或导轨上，测量轴向窜动误差时，将测量头触及检验棒端部的钢球上，测量轴肩支承面的跳动时，将测量头触及主轴轴肩的支承面上；③手动匀速旋转主轴两圈以上，指示表读数的最大值就是轴向窜动误差和轴肩支承面的跳动误差，如图 3-11 所示。具体操作见视频 3-4。

2. 主轴定心轴颈的径向跳动

如图 3-12 所示，测量主轴定心轴颈的径向跳动步骤：①把指示表固定在导轨或溜板上，使测量头垂直触及定心轴颈表面；②手动匀速旋转主轴两圈以上，指示表读数的最大差值就是主轴定心轴颈的径向跳动误差。具体操作见视频 3-5。

（a）轴向窜动测量

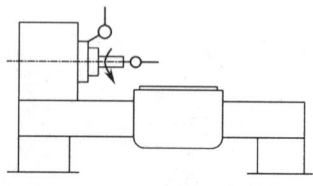

（b）轴肩支承面的跳动测量

图 3-11　主轴端部跳动测量

视频 3-4

视频 3-5

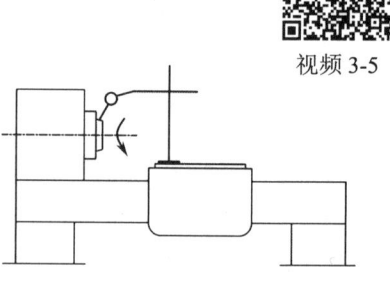

图 3-12　主轴定心轴颈的径向跳动测量

3. 主轴锥孔轴线的径向跳动

如图 3-13 所示，主轴锥孔轴线的径向跳动需要测量两个位置，一是靠近主轴端部，二是距离主轴端部 L 处。测量步骤：①将检验棒插入主轴锥孔；②将指示表固定在导轨或溜板上，在测量靠近主轴端部处跳动时，将测量头垂直触及靠近主轴端处检验棒表面的最高点；③手动匀速旋转主轴两圈以上，记录指示表读数的最大差值；④拔出检验棒，相对初始位置，将检验棒依次旋转 90°、180°、270°，并插入主轴锥孔，重复以上测量，计算 4 次测量结果的平均值即为靠近主轴锥孔轴线的径向跳动。测量距离主轴端部 L 处的主轴锥孔轴线径向跳动时，移动溜板，使测量头垂直触及靠近主轴端部 L（300mm 或 500mm）处检验棒表面的最高点，然后重复以上操作完成测量。具体操作见视频 3-6。

（a）靠近主轴端部测量

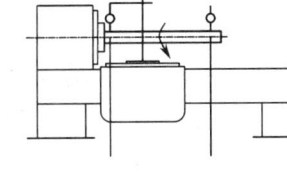

（b）远离主轴端部测量

视频 3-6

图 3-13 主轴锥孔轴线径向跳动测量

4. 主轴轴线对溜板移动的平行度

主轴轴线对溜板移动的平行度包括在 YZ 平面内的平行度和在 ZX 平面内的平行度。测量步骤：①将检验棒插入主轴锥孔；②将指示表固定在溜板上，测量 YZ 平面内的平行度时，将测量头触及检验棒的上表面最高点；③驱动溜板在导轨上移动 300mm，记录指示表上读数的最大差值；④拔出检验棒，并旋转 180°后，重新插入主轴锥孔中，再测量一次，两次测量结果的平均值即为在 YZ 平面内主轴轴线对溜板移动的平行度误差。测量 ZX 平面内的平行度时，将测量头触及检验棒的侧面，依据上述操作，得到在 ZX 平面内主轴轴线对溜板移动的平行度误差，如图 3-14 所示。具体操作见视频 3-7。

5. 主轴顶尖的跳动

如图 3-15 所示，主轴顶尖的跳动测量步骤：①将主轴顶尖插入主轴锥孔内；②将指示表固定在溜板上，使测量头垂直触及顶尖锥面上；③手动匀速旋转主轴两圈以上，读取指示表读数的最大变化值，该值再除以 $\cos\alpha$（α 为 1/2 顶尖锥角）即为主轴顶尖的跳动误差。具体操作见视频 3-8。

（a）YZ平面内测量

（b）ZX平面内测量

图 3-14　主轴轴线对溜板移动的平行度测量

视频 3-7

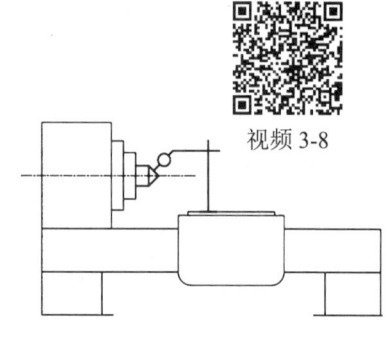

视频 3-8

图 3-15　主轴顶尖的跳动测量

3.3.3　尾座几何精度检测

1. 尾座套筒轴线对溜板移动的平行度

尾座套筒轴线对溜板移动的平行度包括在 YZ 平面内的平行度和在 ZX 平面内的平行度。测量步骤：①伸出尾座顶尖套至最大伸出长度的一半，并锁紧；②将指示表固定在溜板上，测量 YZ 平面内的平行度时,将测量头触及尾座套筒上表面的最高点位置;③溜板移动 100mm,读取指示表最大差值,即为 YZ 平面内的平行度误差,如图 3-16 所示。测量 ZX 平面内的平行度时,将测量头触及尾座套筒的侧面,依据上述操作,得到在 ZX 平面内的平行度误差。具体操作见视频 3-9。

(a) YZ 平面内测量

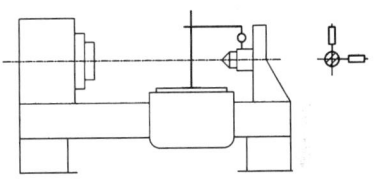

视频 3-9

(b) ZX 平面内测量

图 3-16 尾座套筒轴线对溜板移动的平行度测量

2. 尾座套筒锥孔轴线对溜板移动的平行度

尾座套筒锥孔轴线对溜板移动的平行度包括在 YZ 平面内的平行度和在 ZX 平面内的平行度。测量步骤:①将尾座套筒退入尾座孔内,并锁紧;②检验棒插入尾座套筒锥孔内;③将指示表固定在溜板上,将测量头触及检验棒上表面的最高点位置;④溜板移动 300mm,读取指示表的最大差值;⑤拔出检验棒,并旋转 180°后,重新插入尾座套筒锥孔内,再测量一次,两次测量结果的代数和的一半即为 YZ 平面内的平行度误差,如图 3-17 所示。测量 ZX 平面内的平行度时,将测量头触及检验棒的侧面,依据上述操作,得到在 ZX 平面内的平行度误差。具体操作见视频 3-10。

3. 主轴和尾座两顶尖的等高度

如图 3-18 所示,主轴和尾座两顶尖的等高度的测量步骤:①在主轴锥孔和尾座锥孔中装入顶尖,并装入芯轴圆柱检验棒;②将指示表固定在溜板上,使测量头在 YZ 平面内触及检验棒表面；③移动溜板，读取指示表在检验棒两端处的数值，计算两者的差值；④检验棒旋转180°，重复上述测量操作，两次测量结果代数和的一半即为主轴和尾座两顶尖的等高度误差。具体操作见视频 3-11。

（a）YZ 平面内测量

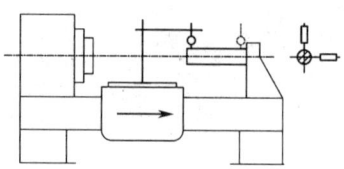

（b）ZX 平面内测量

图 3-17 尾座套筒锥孔轴线对溜板移动的平行度测量

视频 3-10

图 3-18 主轴和尾座两顶尖的等高度测量

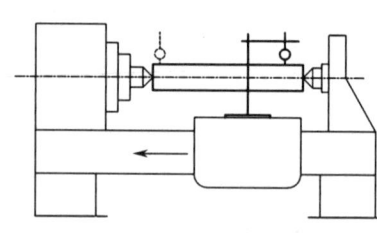

视频 3-11

实验报告

实验名称：_____
实验日期：_____
同 组 人：_____
指导教师：_____

得 分	
批阅人	

==

1. 实验目的

2. 实验仪器及器件（名称及型号）

3. 实验内容

4．实验分析

（1）导轨在垂直平面内的直线度

按照检测步骤规范操作，记录原始测量数据并填写在表 1 中，绘制导轨在垂直平面内的直线度分析图，计算出导轨的全长和局部直线度误差，判断导轨在垂直平面内的直线度是否满足使用要求。

表 1　垂直平面内导轨直线度检测数据记录表

检 验 位 置	1	2	3	4	5	6
读数						
高度差						

绘制导轨在垂直平面内的直线度分析图：

分析结果：

（2）导轨在垂直平面内的平行度

按照检测步骤规范操作，记录原始测量数据并填写在表 2 中，计算测量数据最大差值并与该项精度公差进行比较，判断导轨在垂直平面内的平行度是否满足使用要求。

表 2　垂直平面内导轨平行度检测数据记录表

检 验 位 置	1	2	3	4	5	6	最 大 差 值
读数							
高度差							

分析结果：

（3）溜板移动在 ZX 平面内的直线度

按照检测步骤规范操作，记录原始测量数据并填写在表 3 中，计算测量数据最大差值并与该项精度公差进行比较，判断溜板移动在 ZX 平面内的直线度是否满足使用要求。

表 3　溜板移动在 ZX 平面内的直线度检测数据记录表

检 验 位 置	1	2	3	4	5	6	最大差值
读数							

分析结果：

（4）尾座移动对溜板移动的平行度

按照检测步骤规范操作，记录原始测量数据并填写在表 4 中，计算测量数据最大差值并与该项精度公差进行比较，判断溜板移动在 YZ 平面和 ZX 平面内的平行度是否满足使用要求。

表 4　尾座移动对溜板移动的平行度检测数据记录表

检 验 位 置	1	2	3	4	5	6	最大差值
YZ 平面读数							
ZX 平面读数							

分析结果：

（5）主轴端部的跳动

主轴端部的跳动包括主轴的轴向窜动和轴肩支承面的跳动。按照检测步骤规范操作，记录原始测量数据并填写在表 5 中，计算测量数据最大差值并与该项精度公差进行比较，判断主轴端部的跳动误差是否合格。

表 5　主轴端部跳动误差检测数据记录表

检 验 位 置	1	2	3	4	5	6	最大差值
轴向窜动读数							
轴肩支承面的跳动读数							

分析结果：

（6）主轴定心轴颈的径向跳动

按照检测步骤规范操作，记录原始测量数据并填写在表 6 中，计算测量数据最大差值并与该项精度公差进行比较，判断主轴定心轴颈的径向跳动误差是否合格。

表 6 主轴定心轴颈的径向跳动误差检测数据记录表

检 验 位 置	1	2	3	4	5	6	最 大 差 值
读数							

分析结果：

（7）主轴锥孔轴线的径向跳动

按照检测步骤规范操作，记录原始测量数据并填写在表 7 中，计算 4 次测量数据的平均值并与该项精度公差进行比较，判断主轴锥孔轴线的径向跳动误差是否合格。

表 7 主轴锥孔轴线的径向跳动误差检测数据记录表

检 验 位 置	0°	90°	180°	270°	平均误差
近轴端					
远轴端（300mm 处）					

分析结果：

（8）主轴轴线对溜板移动的平行度

按照检测步骤规范操作，记录原始测量数据并填写在表 8 中，计算两次测量数据最大差值的平均值并与该项精度公差进行比较，判断主轴轴线对溜板移动的平行度误差是否合格。

表 8　主轴轴线对溜板移动的平行度检测数据记录表

检 验 位 置	0°	180°	平 均 误 差
YZ 平面读数			
ZX 平面读数			

分析结果：

（9）主轴顶尖的跳动

按照检测步骤规范操作，记录原始测量数据并填写在表 9 中，计算测量数据最大差值，将该值除以 $\cos\alpha$（α 为 1/2 顶尖锥角）并与该项精度公差进行比较，判断主轴顶尖的跳动误差是否合格。

表 9　主轴顶尖的跳动检测数据记录表

检 验 位 置	1	2	3	4	5	6	最 大 差 值
读数							

分析结果：

（10）尾座套筒轴线对溜板移动的平行度

按照检测步骤规范操作，记录原始测量数据并填写在表 10 中，计算测量数据最大差值并与该项精度公差进行比较，判断尾座套筒轴线对溜板移动的平行度误差是否合格。

表 10　尾座套筒轴线对溜板移动的平行度检测数据记录表

检 验 位 置	1	2	3	4	5	6	最 大 差 值
YZ 平面读数							
ZX 平面读数							

分析结果：

（11）尾座套筒锥孔轴线对溜板移动的平行度

按照检测步骤规范操作，记录原始测量数据并填写在表 11 中，计算两次测量数据最大差值的平均值并与该项精度公差进行比较，判断尾座套筒锥孔轴线对溜板移动的平行度误差是否合格。

表 11　尾座套筒锥孔轴线对溜板移动的平行度检测数据记录表

检 验 位 置	0°	180°	平 均 误 差
YZ 平面读数			
ZX 平面读数			

分析结果：

（12）主轴和尾座两顶尖的等高度

按照检测步骤规范操作，记录原始测量数据并填写在表 12 中，计算两次测量数据差值的平均值并与该项精度公差进行比较，判断主轴和尾座两顶尖的等高度误差是否合格。

表 12　主轴和尾座两顶尖的等高度检测数据记录表

检 验 位 置	0°			180°			平 均 误 差
读数	前端	后端	差值	前端	后端	差值	

分析结果:

5. 实验心得体会

第4章 数控铣床几何精度检测

数控铣床的工艺范围广泛，可用于加工平面、阶梯面、凹槽、孔、成形表面、复杂曲面等，是机械加工领域应用最为广泛的机床之一。根据机床主轴的布置形式可分为立式数控铣床和卧式数控铣床；根据坐标轴数又可分为二轴数控铣床、三轴数控铣床和多轴数控铣床。数控铣床的几何精度主要是指主轴和坐标轴的几何精度以及它们之间的相互位置精度。

4.1 几何精度检测及公差

数控铣床的种类较多，本章以立式数控铣床为例，参考国家标准 GB/T 18400.2—2010，介绍数控铣床几何精度的检测内容。该标准中常见的几何精度检测项目及公差见表4-1。

表4-1 数控铣床常见的几何精度检测项目及公差

序号	检测项目	公差/mm
1	X 轴线运动直线度 a）在 ZX 垂直平面内 b）在 XY 水平面内	a）和 b） $X \leqslant 500$　　　　0.010 $500 < X \leqslant 800$　　0.015 $800 < X \leqslant 1250$　　0.020 $1250 < X \leqslant 2000$　0.025 局部公差：在任意 300 测量长度上为 0.007
2	Y 轴线运动直线度 a）在 YZ 垂直平面内 b）在 XY 水平面内	a）和 b） $Y \leqslant 500$　　　　0.010 $500 < Y \leqslant 800$　　0.015 $800 < Y \leqslant 1250$　　0.020 $1250 < Y \leqslant 2000$　0.025 局部公差：在任意 300 测量长度上为 0.007
3	Z 轴线运动直线度 a）在平行于 Y 轴线的 YZ 垂直平面内 b）在平行于 X 轴线的 ZX 垂直平面内	a）和 b） $Z \leqslant 500$　　　　0.010 $500 < Z \leqslant 800$　　0.015 $800 < Z \leqslant 1250$　　0.020 $1250 < Z \leqslant 2000$　0.025 局部公差：在任意 300 测量长度上为 0.007
4	Z 轴线运动与 X 轴线运动间的垂直度	0.02/500
5	Z 轴线运动与 Y 轴线运动间的垂直度	0.02/500
6	Y 轴线运动与 X 轴线运动间的垂直度	0.02/500
7	主轴轴向窜动 a）主轴的周期性轴向窜动 b）主轴端部跳动	a）0.005 b）0.010
8	主轴锥孔径向跳动 a）靠近主轴端部 b）距离主轴端部 300mm 处	a）0.010 b）0.020

续表

序 号	检 验 项 目	公差/mm	
9	主轴轴线和 Z 轴线运动间的平行度 a）在 YZ 垂直平面内 b）在 ZX 垂直平面内	a）和 b） 在 300 测量长度上为 0.015	
10	主轴轴线和 X 轴线运动间的垂直度	0.020/300 300 为两测点间的距离	
11	主轴轴线和 Y 轴线运动间的垂直度	0.020/300 300 为两测点间的距离	
12	工作台面的平面度	$L \leq 500$ $500 < L \leq 800$ $800 < L \leq 1250$ $1250 < L \leq 2000$ L 为工作台或托板的较短边 局部公差：在任意 300 测量长度上为 0.012	0.020 0.025 0.030 0.040
13	工作台面和 X 轴线运动间的平行度	$X \leq 500$ $500 < X \leq 800$ $800 < X \leq 1250$ $1250 < X \leq 2000$	0.020 0.025 0.030 0.040
14	工作台面和 Y 轴线运动间的平行度	$Y \leq 500$ $500 < Y \leq 800$ $800 < Y \leq 1250$ $1250 < Y \leq 2000$	0.020 0.025 0.030 0.040

4.2　常用检测工具

除数控车床几何精度检测所需的水平仪和指示表外，测量数控铣床几何精度时还需要使用以下工具。

1. 平尺

如图 4-1 所示，平尺是一种具有精确平面的尺形量规，一般被用来配合指示表完成平板、导轨等零部件的形位误差检测。平尺材质有铸铁、轴承钢、花岗石和大理石等。平尺是几何精度检测的基准，其工作面不允许有影响使用性能的砂孔、气孔、裂纹、夹渣、划痕等表面缺陷。

（a）大理石　　　　　　（b）铸铁

图 4-1　不同材质的平尺

2. 角尺

如图 4-2 所示，角尺的测量面和基准面相互垂直，一般用于机械设备安装、调试时检测零部件之间的垂直度和平行度等。角尺又称垂直平尺、直角靠尺。角尺按材质可分为铸铁角尺、镁铝角尺和大理石角尺等。角尺的测量面和基准面分别与工件表面和指示表测量头有接触和相对滑动，因此其表面要保持平整，不能存在砂孔、气孔、裂纹、夹渣、划痕等表面缺陷。

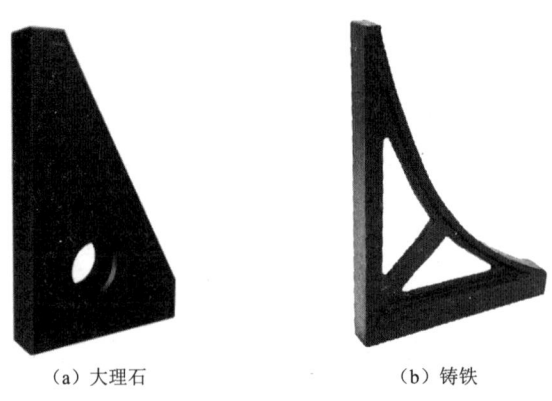

(a) 大理石　　　　　　(b) 铸铁

图 4-2　不同材质的角尺

3. 等高垫块

如图 4-3 所示，等高垫块是机械零件划线和几何精度测量时经常使用的一种量具，也常被用来作为机械加工基准，其材质主要有大理石、铸铁、钢等。等高垫块一般成组使用，每组垫块的高度误差小于 0.002mm。

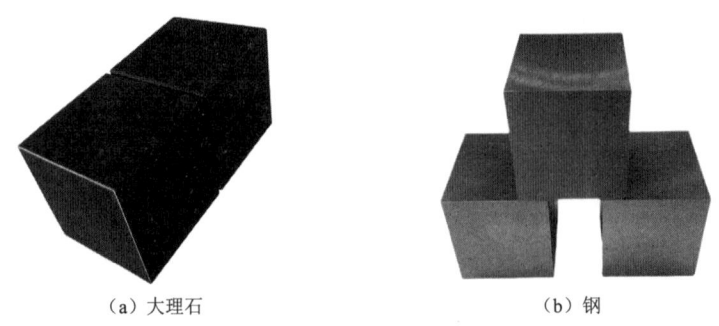

(a) 大理石　　　　　　(b) 钢

图 4-3　不同材质的等高垫块

4. 主轴检验棒（带拉钉）

如图 4-4 所示，主轴检验棒主要用于检验数控铣床主轴锥孔的径向跳动、主轴轴线与 Z 轴线运动间的平行度等误差。在检验棒与主轴连接端带有拉钉，便于检验棒的安装固定。

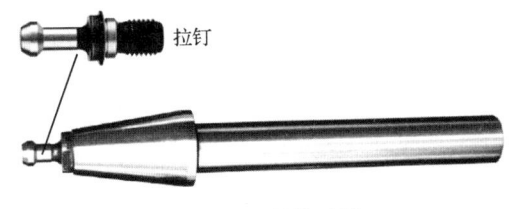

图 4-4 主轴检验棒

5. 刀夹

如图 4-5 所示，刀夹是连接数控铣床主轴与刀具或其他附件的一种工具。刀夹与主轴的连接端有莫氏锥柄，通过拉钉实现刀具的安装与拆卸；刀夹的周向有两个与主轴端面键配合的键槽，用于传递扭矩；刀夹内有弹簧夹头，用于夹紧铣刀刀柄。

图 4-5 BT30 刀夹

4.3 检测方法与步骤

4.3.1 坐标轴线运动直线度检测

1. X 轴线运动直线度

如图 4-6 所示，测量 ZX 垂直平面内 X 轴线运动的直线度步骤：①将工作台移动到 Y 轴行程的中间，沿 X 轴方向在工作台上放置两个可调等高垫块，将平尺放在等高垫块上；②将指示表的磁性表座吸附在主轴前端，将测量头垂直触及平尺与 X 轴平行侧面，调整平尺使其与 X 轴平行；③将测量头垂直触及平尺上表面，沿 X 轴移动工作台，并调整平尺，直至指示表在平尺两端的读数相等；④沿 X 轴全行程移动工作台，记录指示表读数，读数的最大差值即为在 ZX 垂直平面内 X 轴线运动的直线度。具体操作见视频 4-1。

如图 4-7 所示，测量 XY 水平面内 X 轴线运动的直线度步骤：①将工作台移动到 Y 轴行程的中间，将平尺放置在工作台中间；②将指示表的磁性表座吸附在主轴前端，将测量头垂直触及平尺与 X 轴平行侧面（见图 4-7（a））；③沿 X 轴移动工作台，并调整平尺，直至指示表在平尺两端的读数相等；④沿 X 轴全行程移动工作台（见图 4-7（b）），记录指示表读数，读数的最大差值即为在 XY 水平面内 X 轴线运动的直线度。具体操作见视频 4-2。

图 4-6 X 轴线运动直线度（ZX 垂直平面内）测量

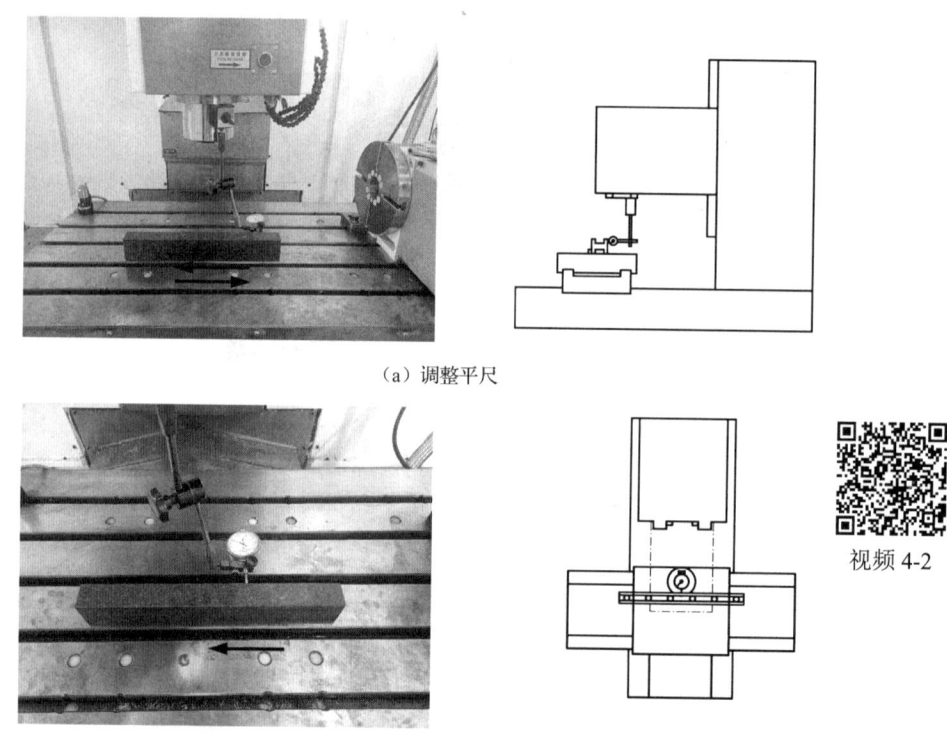

（a）调整平尺

（b）测量

图 4-7 X 轴线运动直线度（XY 水平面内）测量

2. Y 轴线运动直线度

如图 4-8 所示，测量 YZ 垂直平面内 Y 轴线运动的直线度步骤：①将工作台移动到 X 轴行程的中间，沿 Y 轴方向在工作台上放置两个可调等高垫块，将平尺放在等高垫块上；②将指示表的磁性表座吸附在主轴前端，将测量头垂直触及平尺上与 Y 轴平行侧面，调整平尺使其与 Y 轴平行；③将测量头垂直触及平尺上表面，沿 Y 轴移动工作台，并调整平尺，直至指示表在平尺两端的读数相等；④沿 Y 轴全行程移动工作台，记录指示表读数，读数的最大差值即为在 YZ 垂直平面内 Y 轴线运动的直线度。具体操作见视频 4-3。

 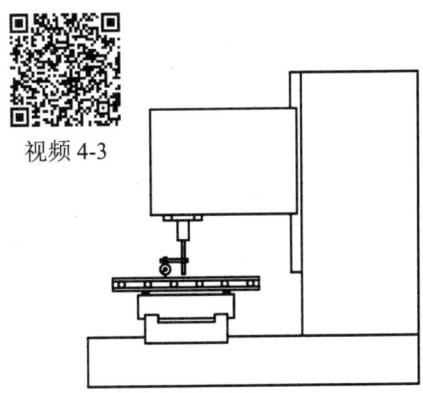

图 4-8　Y 轴线运动直线度（YZ 垂直平面内）测量

如图 4-9 所示，测量 XY 水平面内 Y 轴线运动的直线度步骤：①将工作台移动到 X 轴行程的中间，将平尺沿平行于 Y 轴方向卧置在工作台中间；②将指示表的磁性表座吸附在主轴前端，将测量头垂直触及平尺与 Y 轴平行侧面；③沿 Y 轴移动工作台，并调整平尺，直至指示表在平尺两端的读数相等；④沿 Y 轴全行程移动工作台，记录指示表读数，读数的最大差值即为在 XY 水平面内 Y 轴线运动的直线度。具体操作见视频 4-4。

 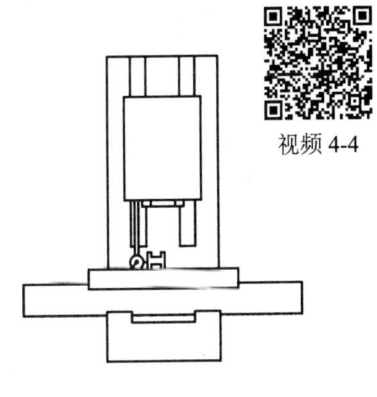

图 4-9　Y 轴线运动直线度（XY 水平面内）测量

3. Z 轴线运动直线度

如图 4-10 所示，测量 YZ 垂直平面内 Z 轴线运动的直线度步骤：①将工作台移动到 X、Y 轴行程的中间；②将角尺放置在工作台中间，使角尺的检测面平行于 XZ 平面；③移动主轴头，并调整角尺，使指示表在角尺两端的读数相等；④全行程移动主轴头，记录指示表读数，读数的最大差值即为在 YZ 垂直平面内 Z 轴线运动的直线度。具体操作见视频 4-5。

如图 4-11 所示，测量 ZX 垂直平面内 Z 轴线运动的直线度步骤：①将工作台移动到 X、Y 轴行程的中间；②将角尺放置在工作台中间，使角尺的检测面平行于 YZ 平面；③、④步操作与测量 YZ 垂直平面内的 Z 轴线运动直线度相同。具体操作见视频 4-6。

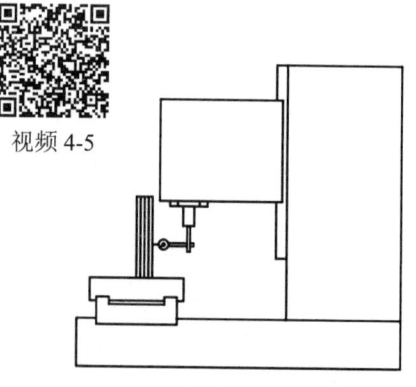

图 4-10 Z 轴线运动直线度（YZ 垂直平面内）测量

图 4-11 Z 轴线运动直线度（ZX 垂直平面内）测量

4.3.2 坐标轴线运动间的垂直度检测

1. Z 轴线运动与 X 轴线运动间的垂直度

如图 4-12 所示，测量 Z 轴线运动与 X 轴线运动间的垂直度步骤：①将工作台移动到 X、Y 轴行程的中间；②将指示表的磁性表座吸附在主轴前端；③沿 X 轴方向将平尺放置在工作台上的适当位置，将测量头触及平尺与 X 轴平行侧面，沿 X 轴移动工作台。调整平尺位置，使其与 X 轴平行（见图 4-12（a））；④将角尺放在平尺上，使指示表测量头触及角尺检测面（见图 4-12（b）），移动 Z 轴，指示表读数的最大差值即为 Z 轴线运动与 X 轴线运动间的垂直度。具体操作见视频 4-7。

2. Z 轴线运动与 Y 轴线运动间的垂直度

如图 4-13 所示，测量 Z 轴线运动与 Y 轴线运动间的垂直度步骤：①将工作台移动到 X、Y 轴行程的中间；②将指示表的磁性表座吸附在主轴前端；③沿 Y 轴方向将平尺放置在工作台上的适当位置，将测量头触及平尺与 Y 轴平行侧面，沿 Y 轴移动工作台。调整平尺位置，使其与 Y 轴平行（见图 4-13（a））；④将角尺放在平尺上，使指示表测量头触及角尺检测面（见

图4-13（b）），移动Z轴，指示表读数的最大差值即为Z轴线运动与Y轴线运动间的垂直度。具体操作见视频4-8。

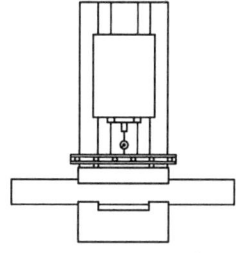

（a）调整平尺

视频4-7

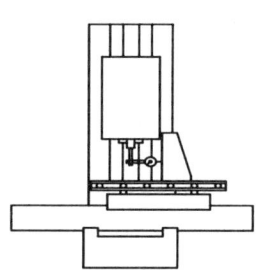

（b）测量

图4-12　Z轴线运动与X轴线运动间的垂直度测量

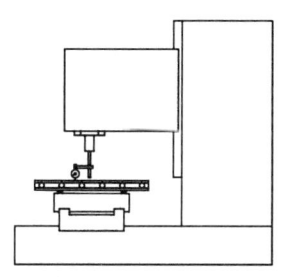

（a）调整平尺

视频4-8

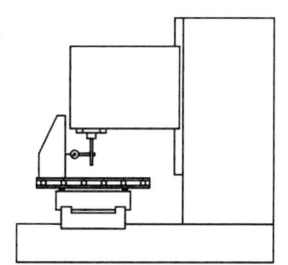

（b）测量

图4-13　Z轴线运动与Y轴线运动间的垂直度测量

3. Y 轴线运动与 X 轴线运动间的垂直度

如图 4-14 所示，测量 Y 轴线运动与 X 轴线运动间的垂直度步骤：①将工作台移动到 X、Y 轴行程的中间；②将指示表的磁性表座吸附在主轴前端；③沿 X 轴方向将平尺放置在工作台上的适当位置，将测量头触及平尺与 X 轴平行侧面，沿 X 轴移动工作台。调整平尺位置，使其与 X 轴平行（见图 4-14（a））；④沿 Y 轴方向放置角尺，将指示表测量头触及角尺检测面（见图 4-14（b）），移动 Y 轴，指示表读数的最大差值即为 Y 轴线运动与 X 轴线运动间的垂直度。具体操作见视频 4-9。

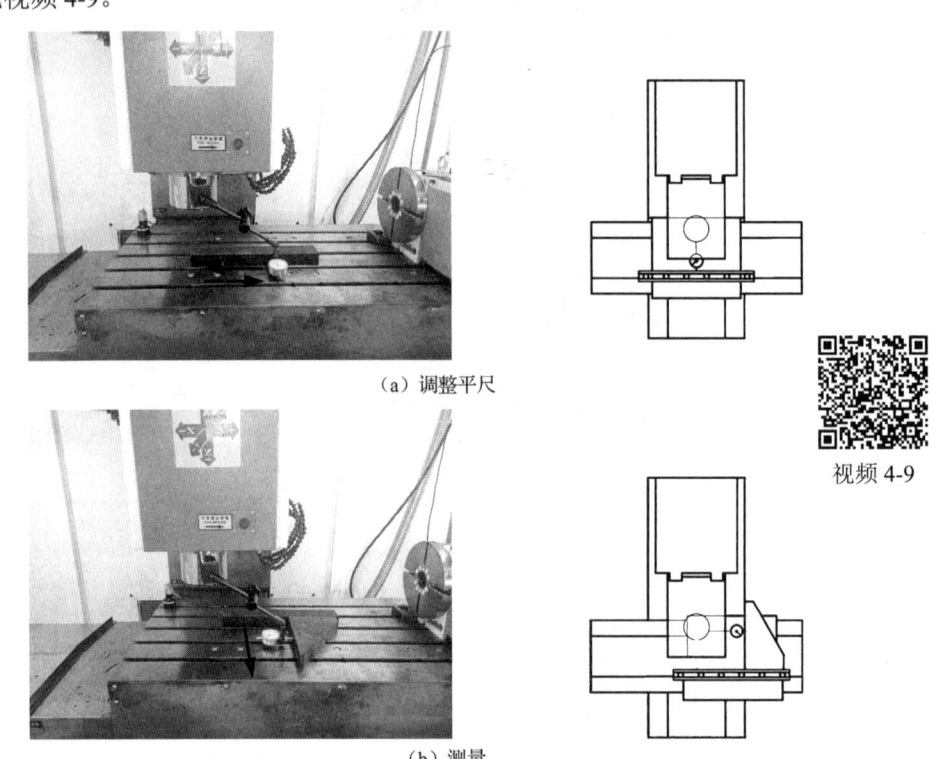

(a) 调整平尺

(b) 测量

图 4-14　Y 轴线运动与 X 轴线运动间的垂直度测量

视频 4-9

4.3.3　主轴几何精度检测

1. 主轴轴向窜动

如图 4-15 所示，主轴轴向窜动包括主轴的周期性轴向窜动和主轴端部跳动。测量周期性轴向窜动步骤：①将主轴检验棒（带拉钉）插入主轴锥孔，在检验棒露出部分的端部的中心孔处放置磁性钢球；②指示表固定在工作台上，将平面测量头触及检验棒端部的钢球上；③手动匀速旋转主轴两圈以上，记录指示表的读数，计算最大差值；④拆卸检验棒，相对于初始位置，将检验棒依次旋转 90°、180°、270°，并把检验棒重新插入主轴锥孔中，重复检测 3 次，取 4 次测量误差的平均值作为主轴的周期性轴向窜动误差。测量主轴端部跳动时，将指示表的球形测量头触及主轴端部即可，然后依照上述步骤完成检测。具体操作见视频 4-10。

(a)周期性轴向窜动

(b)端部跳动

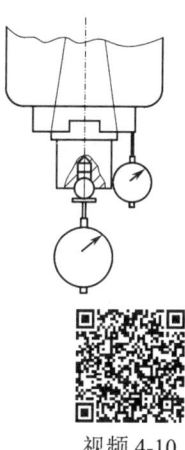

视频 4-10

图 4-15 主轴轴向窜动测量

2. 主轴锥孔径向跳动

如图 4-16 所示,主轴锥孔径向跳动误差需要检测主轴检验棒的两个位置,分别为靠近主轴端部和远离主轴端部 300mm 处。检测步骤:①将主轴检验棒(带拉钉)插入主轴锥孔;②指示表固定在工作台上,将平面测量头触及检验棒上的待检测位置;③手动匀速旋转主轴两圈以上,记录指示表读数,计算最大差值;④拆卸检验棒,相对于初始位置,将检验棒依次旋转 90°、180°、270°,并把检验棒重新插入主轴锥孔中,重复检测 3 次,取 4 次测量误差的平均值作为主轴锥孔径向跳动误差。具体操作见视频 4-11。

3. 主轴轴线和 Z 轴线运动间的平行度

主轴轴线和 Z 轴线运动间的平行度包括在 YZ 垂直平面内的平行度和在 ZX 垂直平面内的平行度。测量 YZ 垂直平面内的平行度步骤:①将主轴检验棒(带拉钉)插入主轴锥孔;②指示表固定在工作台上,将测量头沿 Y 轴方向垂直触及检验棒上端表面,沿 X 轴移动工作台,找到表面最高点;③向上移动 Z 轴,记录读数;④拔出检验棒,旋转 180°后,再重新插入主轴锥孔;⑤重复步骤②、③,再次测量,两次测量指示表读数的平均值即为 YZ 垂直平面内的平行度,如图 4-17 所示。测量 ZX 垂直平面内的平行度时,将测量头沿 X 轴方向垂直触及检验棒上端表面,然后依据上述检测步骤完成测量,如图 4-18 所示。具体操作见视频 4-12 和视频 4-13。

4. 主轴轴线和 X 轴线运动间的垂直度

如图 4-19 所示,测量主轴轴线和 X 轴线运动间的垂直度步骤:①将工作台移动到 X、Y 轴行程的中间;②装上刀夹,将指示表的磁性表座吸附在刀夹端面的中间位置;③沿 X 轴方向将平尺放置在工作台上的适当位置，利用指示表调整平尺位置，使其与 X 轴平行；④手动旋转主轴，记录指示表的最大读数差，该值即为主轴轴线和 X 轴线运动间的垂直度。具体操作见视频 4-14。

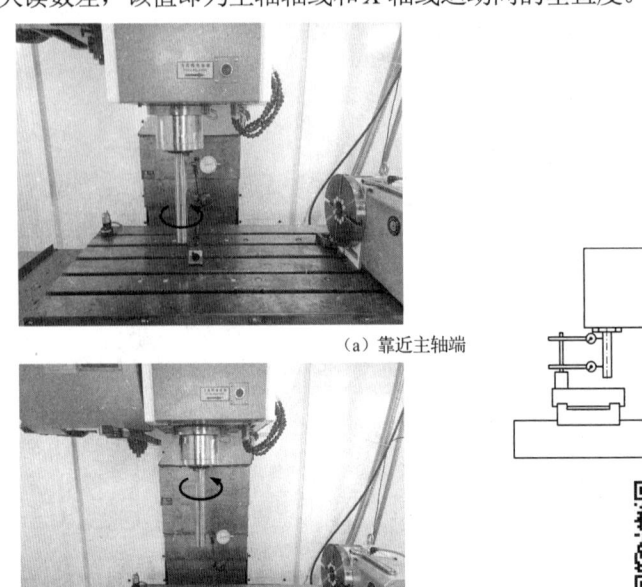

图 4-16　主轴锥孔径向跳动测量

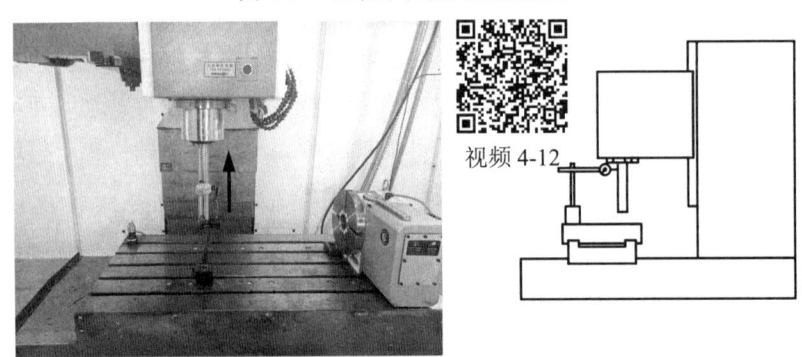

图 4-17　主轴轴线和 Z 轴线运动间的平行度（YZ 垂直平面内）测量

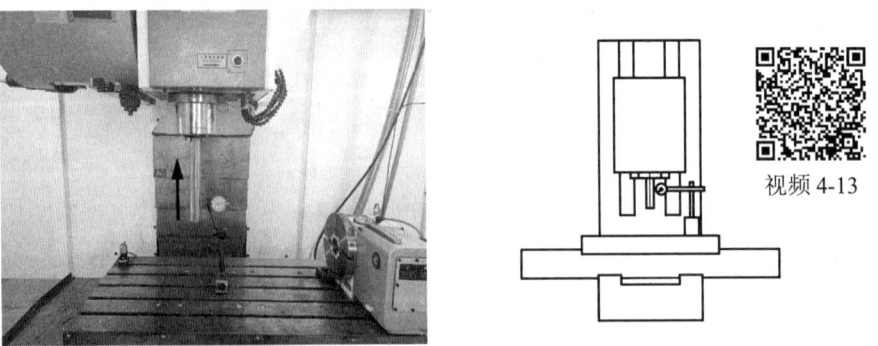

图 4-18　主轴轴线和 Z 轴线运动间的平行度（ZX 垂直平面内）测量

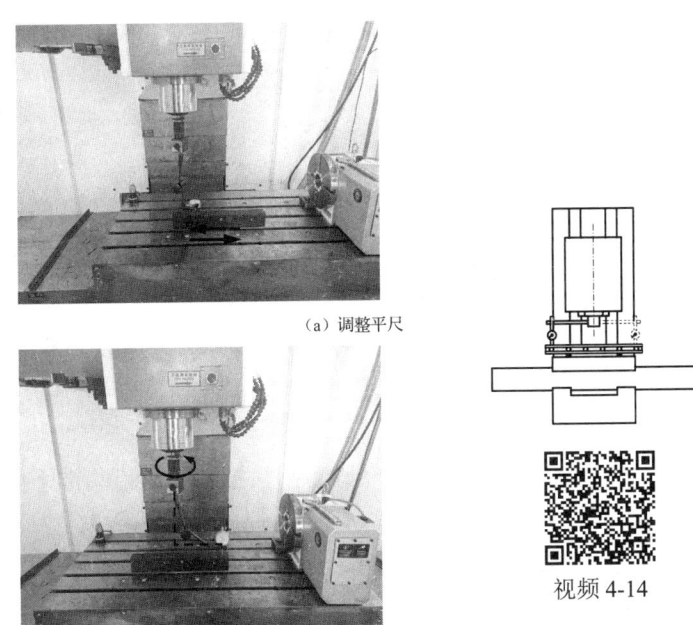

(a) 调整平尺

(b) 测量

图 4-19　主轴轴线和 X 轴线运动间的垂直度测量

5. 主轴轴线和 Y 轴线运动间的垂直度

如图 4-20 所示，测量主轴轴线和 Y 轴线运动间的垂直度步骤：①将工作台移动到 X、Y 轴行程的中间；②装上刀夹，将指示表的磁性表座吸附在刀夹端面的中间位置；③沿 Y 轴方向将平尺放置在工作台上的适当位置，利用指示表调整平尺位置，并使其与 Y 轴平行；④手动旋转主轴，记录指示表的最大读数差，该值即为主轴轴线和 Y 轴线运动间的垂直度。具体操作见视频 4-15。

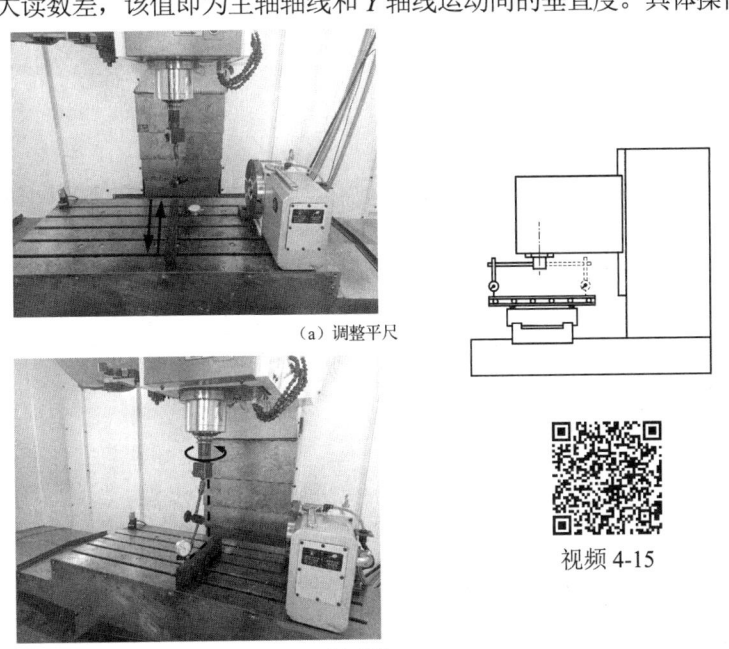

(a) 调整平尺

(b) 测量

图 4-20　主轴轴线和 Y 轴线运动间的垂直度测量

4.3.4 工作台几何精度检测

1. 工作台面的平面度

根据 GB/T 17421.1—2023 中所述方法，采用水平仪测量工作台面的平面度。

工作台面的平面度检测步骤：①如图 4-21 所示，在工作台左上角附近取一点 O，根据工作台的台面尺寸和水平仪长度，分别沿 X 轴和 Y 轴方向适当等分工作台，确定工作台面检测网格。②以 O 点为测量起始点，按照检测网格，先测量 OA、OC 线，然后测量 $O'A'$、$O''A''$、CB 线，记录测量数据。③根据水平仪规格，将水平仪在各段的显示值转换成尺寸值，再用累积法求得测量线上各测点相对于该线起始点的实际尺寸值。④将所有的测点按正比例关系做相应的修正，求横、纵坐标轴上各段的修正系数。⑤根据"三远点基准平面法"，取 O、A、C 三点所在平面为基准平面，求得各测点相对于它的偏离值中的最大值和最小值，最大值和最小值之差即为平面度。具体操作见视频 4-16。

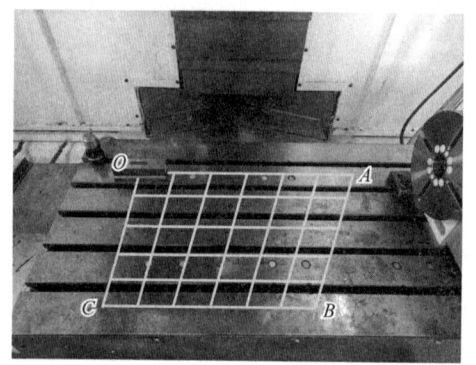 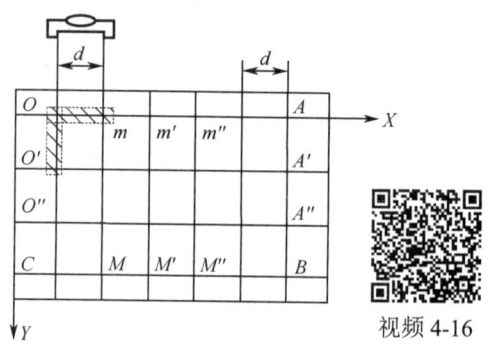

图 4-21 工作台面的平面度测量

2. 工作台面和 X 轴线运动间的平行度

如图 4-22 所示，测量工作台面和 X 轴线运动间的平行度步骤：①将工作台移动到 Y 轴行程的中间；②将指示表的磁性表座吸附在主轴前端端面；③沿 X 轴方向将一对等高垫块放置在工作台中间，然后将平尺放置在垫块上面，利用指示表调整平尺位置，使其与 X 轴平行；④使指示表的测量头触及平尺表面，沿 X 轴全行程移动工作台，记录指示表的读数，读数的最大差值即为工作台面和 X 轴线运动间的平行度。具体操作见视频 4-17。

3. 工作台面和 Y 轴线运动间的平行度

如图 4-23 所示，测量工作台面和 Y 轴线运动间的平行度步骤：①将工作台移动到 X 轴行程的中间；②将指示表的磁性表座吸附在主轴前端端面；③沿 Y 轴方向将一对等高垫块放置在工作台中间，然后将平尺放置在垫块上面，利用指示表调整平尺位置，使其与 Y 轴平行；④使指示表的测量头触及平尺表面，沿 Y 轴全行程移动工作台，记录指示表的读数，读数的最大差值即为工作台面和 Y 轴线运动间的平行度。具体操作见视频 4-18。

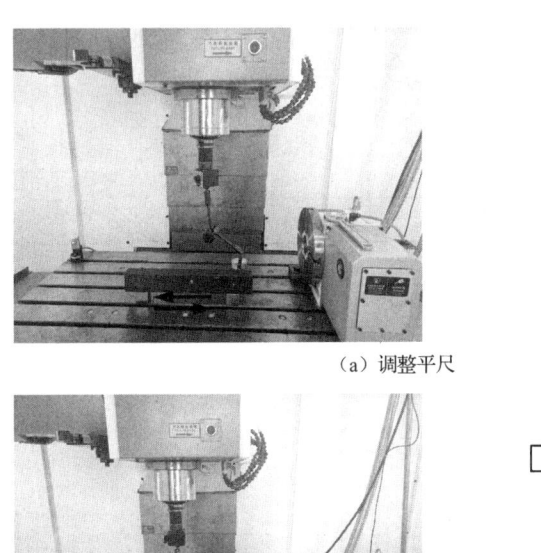

（a）调整平尺

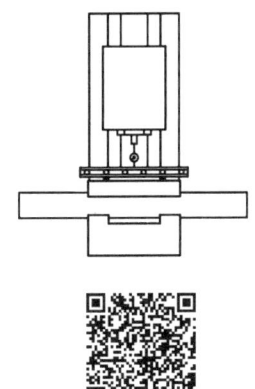

（b）测量

图 4-22 工作台面和 X 轴线运动间的平行度测量

视频 4-17

（a）调整平尺

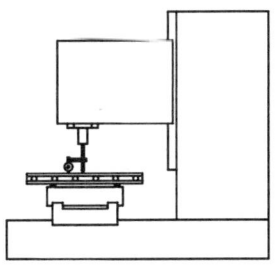

视频 4-18

（b）测量

图 4-23 工作台面和 Y 轴线运动间的平行度测量

· 87 ·

实验报告

实验名称：_____

实验日期：_____

同 组 人：_____

指导教师：_____

得　分	
批阅人	

==

1．实验目的

2．实验仪器及器件（名称及型号）

3．实验内容

4．实验分析

（1）X 轴线运动直线度

按照检测步骤规范操作，记录原始测量数据并填写在表 1 中，计算测量数据最大差值并与该项精度公差进行比较，判断 X 轴线运动直线度是否满足使用要求。

表 1 X 轴线运动直线度检测数据记录表

检 验 位 置	1	2	3	4	5	6	最 大 差 值
ZX 平面读数							
XY 平面读数							

分析结果：

（2）Y 轴线运动直线度

按照检测步骤规范操作，记录原始测量数据并填写在表 2 中，计算测量数据最大差值并与该项精度公差进行比较，判断 Y 轴线运动直线度是否满足使用要求。

表 2 Y 轴线运动直线度检测数据记录表

检 验 位 置	1	2	3	4	5	6	最 大 差 值
YZ 平面读数							
XY 平面读数							

分析结果：

（3）Z 轴线运动直线度

按照检测步骤规范操作，记录原始测量数据并填写在表 3 中，计算测量数据最大差值并与该项精度公差进行比较，判断 Z 轴线运动直线度是否满足使用要求。

表 3　Z 轴线运动直线度检测数据记录表

检 验 位 置	1	2	3	4	5	6	最 大 差 值
YZ 平面读数							
ZX 平面读数							

分析结果：

（4）Z 轴线运动与 X 轴线运动间的垂直度

按照检测步骤规范操作，记录原始测量数据并填写在表 4 中，计算测量数据最大差值并与该项精度公差进行比较，判断 Z 轴线运动与 X 轴线运动间的垂直度是否满足使用要求。

表 4　Z 轴线运动与 X 轴线运动间的垂直度检测数据记录表

检 验 位 置	1	2	3	4	5	6	最 大 差 值
读数							

分析结果：

（5）Z 轴线运动与 Y 轴线运动间的垂直度

按照检测步骤规范操作，记录原始测量数据并填写在表 5 中，计算测量数据最大差值并与该项精度公差进行比较，判断 Z 轴线运动与 Y 轴线运动间的垂直度是否满足使用要求。

表 5　Z 轴线运动与 Y 轴线运动间的垂直度检测数据记录表

检 验 位 置	1	2	3	4	5	6	最 大 差 值
读数							

分析结果：

（6）Y轴线运动与X轴线运动间的垂直度

按照检测步骤规范操作，记录原始测量数据并填写在表6中，计算测量数据最大差值并与该项精度公差进行比较，判断Y轴线运动与X轴线运动间的垂直度是否满足使用要求。

表6　Y轴线运动与X轴线运动间的垂直度检测数据记录表

检 验 位 置	1	2	3	4	5	6	最 大 差 值
读数							

分析结果：

（7）主轴轴向窜动

按照检测步骤规范操作，记录原始测量数据并填写在表7中，计算4次测量数据最大差值的平均值并与该项精度公差进行比较，判断主轴轴向窜动误差是否满足使用要求。

表7　主轴轴向窜动误差检测数据记录表

检 验 位 置	0°	90°	180°	270°	平 均 值
主轴周期性轴向窜动					
主轴端部跳动					

分析结果：

(8) 主轴锥孔径向跳动

按照检测步骤规范操作，记录原始测量数据并填写在表8中，计算4次测量数据的平均值并与该项精度公差进行比较，判断主轴锥孔径向跳动误差是否满足使用要求。

表8 主轴锥孔径向跳动误差检测数据记录表

检 验 位 置	0°	90°	180°	270°	平 均 值
近轴端					
远轴端（300mm 处）					

分析结果：

(9) 主轴轴线和 Z 轴线运动间的平行度

按照检测步骤规范操作，记录原始测量数据并填写在表9中，计算两次测量数据最大差值的平均值并与该项精度公差进行比较，判断主轴轴线和 Z 轴线运动间的平行度误差是否满足使用要求。

表9 主轴轴线和 Z 轴线运动间的平行度检测数据记录表

检 验 位 置	0°	180°	平 均 值
YZ 平面读数			
ZX 平面读数			

分析结果：

(10) 主轴轴线和 X 轴线运动间的垂直度

按照检测步骤规范操作，记录原始测量数据并填写在表10中，计算测量数据最大差值并与该项精度公差进行比较，判断主轴轴线和 X 轴线运动间的垂直度是否满足使用要求。

表 10 主轴轴线和 X 轴线运动间的垂直度检测数据记录表

检 验 位 置	1	2	3	4	5	6	最 大 差 值
读数							

分析结果：

（11）主轴轴线和 Y 轴线运动间的垂直度

按照检测步骤规范操作，记录原始测量数据并填写在表 11 中，计算测量数据最大差值并与该项精度公差进行比较，判断主轴轴线和 Y 轴线运动间的垂直度是否满足使用要求。

表 11 主轴轴线和 Y 轴线运动间的垂直度检测数据记录表

检 验 位 置	1	2	3	4	5	6	最 大 差 值
读数							

分析结果：

（12）工作台面的平面度

画出工作台台面的网格测点图，按照检测步骤规范操作，记录原始测量数据。按照 4.3.4 节所述平面度评定方法，填写表 12 至表 15，计算平面度，然后与该项精度公差进行比较，判断工作台面的平面度是否满足使用要求。

绘制工作台台面的网格测点图：

表 12　工作台台面各测点水平仪原始读数

Y轴	X轴								
	0	1	2	3	4	5	6	7	8
0	0								
1									
2									
3									
4									

表 13　工作台台面各测点转换尺寸值

Y轴	X轴								
	0	1	2	3	4	5	6	7	8
0	0								
1									
2									
3									
4									

表 14　工作台台面各测点实际尺寸值

Y轴	X轴								
	0	1	2	3	4	5	6	7	8
0	0								
1									
2									
3									
4									

根据"三远点基准平面法",取 O、A、C 三点所在平面为基准平面,求得各测得点相对于它的偏离值并填入表 15。

表 15　工作台台面各测点与 OAC 基准平面的偏离值

Y轴	X轴								
	0	1	2	3	4	5	6	7	8(A)
0(O)	0								
1									
2									
3									
4(C)									

分析结果：

(13) 工作台面和 X 轴线运动间的平行度

按照检测步骤规范操作，记录原始测量数据并填写在表 16 中，计算测量数据最大差值并与该项精度公差进行比较，判断工作台面和 X 轴线运动间的平行度是否满足使用要求。

表 16　工作台面和 X 轴线运动间的平行度检测数据记录表

检验位置	1	2	3	4	5	6	最大差值
读数							

分析结果：

(14) 工作台面和 Y 轴线运动间的平行度

按照检测步骤规范操作，记录原始测量数据并填写在表 17 中，计算测量数据最大差值并与该项精度公差进行比较，判断工作台面和 Y 轴线运动间的平行度是否满足使用要求。

表 17　工作台面和 Y 轴线运动间的平行度检测数据记录表

检验位置	1	2	3	4	5	6	最大差值
读数							

分析结果：

5．实验心得体会

第三部分 零件加工工艺编制及数控加工实践

高质量、高效率一直是机械加工领域追求的主要目标。除工艺装备（如机床、刀具、夹具）和工艺方法外，工艺路线也是影响产品加工质量和加工效率的重要因素之一。同一个零件，根据生产类型、车间设备条件、工艺人员的不同，工艺路线的编制也是不同的，但在特定的生产条件下，一定有一条既能保证加工质量又能提高生产效率的最佳工艺路线。本部分通过机械零件加工工艺编制理论学习及数控加工实践训练，使学生具备针对具体零件，能够准确制订加工工艺路线，选择机床、刀具、夹具等工艺装备的能力以及能够根据被加工表面形状特征和加工要求，编写数控加工程序的能力。

本部分的主要理论和实践内容：

1. 零件加工工艺编制
  + 工艺路线制订方法
  + 零件加工工艺路线编制实例
2. 数控加工实践
  + 数控编程技术
  + 零件数控加工实践

第5章 零件加工工艺编制

制订零件的加工工艺规程需要考虑的问题很多,首先要分析零件图,明确加工表面及加工要求,以确定零件毛坯的类型、形状及尺寸;再根据现有的生产条件,考虑工艺路线编制原则,制订零件的加工工艺路线;然后确定各道工序所采用的机床、刀具、夹具等;最后还要确定各道工序的加工余量、切削用量等。编制工艺路线是零件加工制造不可或缺的重要环节,合理的工艺路线不仅能够保证零件的加工质量,还能够提高生产效率。

5.1 工艺路线制订方法

5.1.1 加工顺序的安排

确定零件各加工表面的加工顺序,需要遵循以下原则。

1. 先粗后精

根据零件表面的加工精度和粗糙度要求,先安排粗加工,完成零件毛坯表面大部分材料的去除,以获得优于毛坯的几何精度和表面光洁度,然后进行半精加工、精加工,切削余量的逐步减少有利于提高零件的加工精度和表面光洁度。

2. 先主后次

先加工零件的主要表面,然后加工次要表面。主要表面和次要表面可以根据装配图和零件图进行区分。若零件某一表面为配合基准(如轴、孔配合面等)或者为工作表面(如导轨面等),那么该表面为主要表面,而有些表面不是工作表面,与其他零件表面也无严格的装配关系,则为次要表面(如紧固用的光孔和螺纹孔等)。此外,也可以根据零件图上加工表面标注的加工精度和表面粗糙度进行区分,通常主要表面的加工精度更高、表面粗糙度更低。

3. 先面后孔

对于支架类、箱体类零件,其表面通常有用于和轴配合的孔或用于螺纹连接的孔,这时要先加工平面,再加工该平面上的孔,这样可以保证孔和平面间的垂直度。

4. 基准先行

为了保证零件加工表面的尺寸精度和形位精度,要尽量使用设计基准作为定位基准,这时就需要把基准面先加工出来,以此作为精定位基准加工其他表面。如果设计基准不适合作为定位基准,则选择工件上较大的面或孔先加工出来,作为精定位基准。

5. 先内腔后外形

对于腔体类零件,应先以零件外表面定位、夹紧,加工内腔,再以内腔中的孔等特征定位、夹紧,加工外表面。

6. 工序集中原则

采用数控铣床,尤其是加工中心时,应尽量遵循工序集中的原则,即一次装夹完成工件多个表面特征的加工,这样既可保证加工表面之间的位置精度,又能减少工件的装夹次数和换刀次数,缩短工时,提高加工效率。

5.1.2 加工阶段的划分

若对零件的加工精度和表面光洁度要求较高,那么加工过程需要划分为几个阶段。

1. 粗加工阶段

该阶段主要考虑零件的加工效率,因此通常采用较大的切削深度和进给速度,尽可能去除大部分加工余量。该阶段的加工精度一般在 IT10～IT13 之间,表面粗糙度 Ra 一般在 12.5～25μm 之间。

2. 半精加工阶段

粗加工时的切削力和切削热较大,导致零件的加工误差较大,同时加工表面变质层的厚度也较大,因此需要通过半精加工使工件达到一定的加工精度,并去除变质层,为后续精加工做准备。在这一阶段,可以完成一些次要表面的加工,如钻孔、攻螺纹、铣键槽等。该阶段的加工精度一般在 IT8～IT10 之间,表面粗糙度 Ra 一般在 3.2～6.3μm 之间。

3. 精加工阶段

精加工时的切削深度和进给量小,切削速度高,能够进一步提高零件的加工精度和表面光洁度,并达到图样规定的加工要求。该阶段的加工精度一般在 IT6～IT8 之间,表面粗糙度 Ra 一般在 0.8～1.6μm 之间。

4. 光整加工阶段

当普通的精加工工序不能满足加工要求时,需要在精加工后再安排光整加工工序。光整加工的加工余量极小,因此只能用来提高零件的尺寸精度和表面光洁度,一般不改变零件的形位精度。该阶段的加工精度可达 IT5 及以上,表面粗糙度 Ra 一般可低于 0.2μm。

5.1.3 加工方法的选择

选择零件表面加工方法时需要考虑的因素较多,包括加工表面的几何特征、技术要求、材料、生产类型等。如加工回转体表面一般选择车削加工,加工孔一般选择钻削和镗削加工,若工件表面的加工质量要求较高,还需要使用磨削加工作为终加工工序。工件材料若为淬火钢,则必须使用磨削加工,若为有色金属则不能使用磨削加工。大批量生产时要选择高效的加工方法和自动化工艺装备,小批量或单件生产时则尽量使用通用工艺设备,采用普通加工方法完成。表 5-1 至表 5-3(摘自卢秉恒主编的《机械制造技术基础》)为 3 种基本表面常用的加工方案。

表 5-1　外圆表面加工方案及其经济精度

加 工 方 案	经济精度	表面粗糙度/μm	适 用 范 围
粗车 └→半精车 　　└→精车 　　　　└→滚压（或抛光）	IT11～IT13 IT8～IT9 IT7～IT8 IT6～IT7	Rz 50～100 Ra 3.2～6.3 Ra 0.8～1.6 Rz 0.08～0.2	适用于除淬火钢以外的金属材料
粗车→半精车→磨削 　　　　└→粗磨→精磨 　　　　　　　└→超精磨	IT6～IT7 IT5～IT7 IT5	Ra 0.4～0.8 Ra 0.1～0.4 Ra 0.1～0.012	除不宜用于有色金属外，主要适用于淬火钢件的加工
粗车→半精车→精车→金刚石车	IT5～IT6	Ra 0.025～0.4	主要用于有色金属
粗车→半精车→粗磨→精磨→镜面磨 　　└→精车→精磨→研磨 　　　　　└→粗研→抛光	IT5 以上 IT5 以上 IT5 以上	Rz 0.2～0.025 Rz 0.05～0.1 Rz 0.025～0.4	主要用于高精度要求的钢件加工

表 5-2　内孔表面加工方案及其经济精度

加 工 方 案	经济精度	表面粗糙度/μm	适 用 范 围
钻 └→扩 　　└→铰 　　　　└→粗铰→精铰 　　└→铰 　　　　└→粗铰→精铰	IT11～IT13 IT10～IT11 IT8～IT9 IT7～IT8 IT8～IT9 IT7～IT8	Rz ≥50 Rz 25～50 Ra 1.6～3.2 Ra 0.8～1.6 Ra 1.6～3.2 Ra 0.8～1.6	加工未淬火钢及铸铁的实心毛坯，也可用于加工有色金属（所得表面粗糙度值稍大）
钻→（扩）→拉	IT7～IT8	Ra 0.8～1.6	大批量生产
粗镗（或扩） └→半精镗（或精扩） 　　└→精镗（或铰） 　　　　└→浮动镗	IT11～IT13 IT8～IT9 IT7～IT8 IT6～IT7	Rz 25～50 Ra 1.6～3.2 Ra 0.8～1.6 Ra 0.2～0.4	除淬火钢外的各种钢材，毛坯上已有铸出或锻出的孔
粗镗（扩）→半精镗→磨削 　　　　└→粗磨→精磨	IT7～IT8 IT6～IT7	Ra 0.2～0.8 Ra 0.1～0.2	主要用于淬火钢，不宜用于有色金属
粗镗→半精镗→精镗→金刚镗	IT6～IT7	Ra 0.05～0.2	主要用于精度要求高的有色金属
钻→扩→粗铰→精铰→珩磨 └→拉→珩磨 精镗→半精镗→精镗→珩磨	IT6～IT7 IT6～IT7 IT6～IT7	Ra 0.2～0.025 Ra 0.2～0.025 Ra 0.2～0.025	精度要求很高的孔，若以研磨代替珩磨，精度可达 IT6 以上，Ra 可以降低到 0.01～0.16μm

表 5-3　平面加工方案及其经济精度

加工方案	经济精度	表面粗糙度 /μm	适用范围
粗车 └→半精车 　└→精车 　　└→磨削	IT11～13 IT8～9 IT7～8 IT6～7	$Rz \geqslant 50$ $Ra\ 3.2\sim6.3$ $Ra\ 0.8\sim1.6$ $Ra\ 0.2\sim0.8$	适用于工件的端面加工
粗刨（或粗铣） └→精刨（或精铣） 　└→刮研	IT11～13 IT7～9 IT5～6	$Rz \geqslant 50$ $Ra\ 1.6\sim6.3$ $Ra\ 0.1\sim0.8$	适用于不脆硬的平面（用端铣加工，可得到较低的表面粗糙度）
粗刨（或粗铣）→精刨（或精铣）→宽刃精刨	IT6～7	$Ra\ 0.2\sim0.8$	批量较大时，宽刃精刨效率高
粗刨（或粗铣）→精刨（或精铣）→磨 　　　　　　　　└→粗磨→精磨	IT6～7 IT5～6	$Ra\ 1.6\sim6.3$ $Ra\ 0.1\sim0.8$	适用于精度要求较高的平面加工
粗铣→拉	IT6～9	$Ra\ 0.2\sim0.8$	适用于大量生产中加工较小的不淬火平面
粗铣→精铣→磨→研磨 　　　　　　└→抛光	IT5～6 IT5 以上	$Ra\ 0.2\sim0.025$ $Ra\ 0.1\sim0.025$	适用于高精度平面的加工

5.1.4　定位基准的选择

定位基准的选择是制订机械零件加工工艺规程的一项重要内容，其对零件加工精度的影响非常显著。定位基准面为工件上的表面，应尽量选择面积较大的平面作为定位基准面，同时要保证各加工表面有足够的余量。定位基准分为粗基准和精基准。

1. 粗基准

粗基准面为毛坯表面，为保证零件的加工精度，在同一工序尺寸方向上粗基准只能使用一次。粗基准面的选择原则如下：

① 当需要保证工件上某一重要表面的加工余量均匀时，应选择该表面作为粗基准面。

② 当需要保证工件上加工表面与不加工表面之间的位置关系时，应以不加工表面作为粗基准面，这样易于保证壁厚均匀。

③ 尽量以加工余量最小的表面作为粗基准面，以使这个表面在以后的加工中不会留下毛坯表面而造成废品。

④ 尽量选择尺寸和位置可靠且平整光洁的表面作为粗基准面。

2. 精基准

精基准面为零件的已加工表面，其选择需要遵循以下原则：

① 基准重合原则。尽量选择加工表面的设计基准为定位基准，这样可以消除基准不重合带来的原始误差。

② 基准统一原则。尽量使用同一个定位基准加工多个表面,即一次装夹,完成多个表面的加工,这样能够保证面与面之间的位置精度。

③ 互为基准原则,即两个表面互相作为基准加工对方。例如,为保证车床主轴前后锥孔轴线与前后轴颈轴线的同轴度,在实际加工中,可先以两锥孔定位加工轴颈,再以轴颈定位加工两锥孔。

④ 自为基准原则。以加工表面自身作为定位基准,这样能够保证加工余量均匀,如珩磨孔和浮动镗孔,其工艺特点是能获得较高的尺寸精度和形状精度,但不能提高被加工孔的位置精度。

5.2 零件加工工艺路线编制实例

5.2.1 轴类零件加工

轴类零件的加工特征包括外圆面、内孔表面、端面、锥面、阶梯面、倒角和螺纹等,在数控车床上即可完成这些特征的加工。在设计轴类零件车削加工工艺时,需要综合考虑零件的加工质量和加工效率要求,安排合理的加工工艺路线。如图 5-1 所示为一传动轴零件,加工特征包括两端面、外圆面、锥面和阶梯面,其中ϕ55mm 外圆面的加工质量要求最高,尺寸精度达到 IT6,表面粗糙度 Ra 达到 1.6μm,该外圆面需要安排精车;其次是ϕ20mm 和ϕ32mm 两外圆面,尺寸精度要求达到 IT9,表面粗糙度 Ra 要求达到 3.2μm,这两处外圆面需要安排半精车;其他表面安排粗车即可达到加工质量要求。

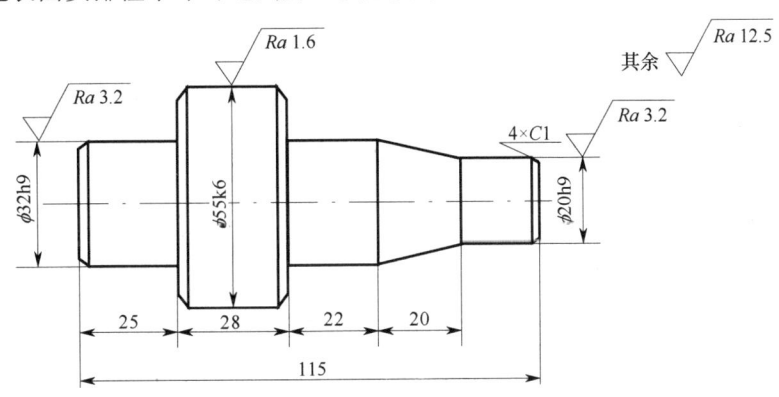

图 5-1 传动轴零件(单位:mm)

如图 5-2 所示为传动轴毛坯,轴向总加工余量为 13mm,径向单边最大加工余量为 22.5mm,最小加工余量为 5mm。工艺方案:①卡盘装夹,车一侧端面,打中心孔,掉头车另一侧端面,打中心孔;②两端顶尖定位,用鸡心夹头带动工件旋转,粗车外圆面,去除粗加工区域材料,留半精加工、精加工余量;③半精车ϕ20mm 和ϕ32mm 外圆面和锥面,并进行两端面倒角;④精车ϕ55mm 外圆面并倒角。

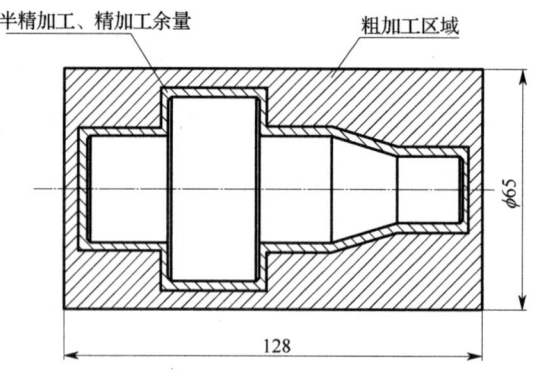

图 5-2 传动轴毛坯（单位：mm）

5.2.2 型腔类零件加工

型腔是模具制造中的典型零件，由侧壁和底面围成，形状可以是规则的方形面、球形面，也可以是复杂的曲面。数控铣削是型腔加工的常用方法之一。铣削时，需要经过粗加工、半精加工和精加工这 3 个阶段来完成封闭区域内多余材料的去除。若型腔较浅，一次粗加工即可完成大部分材料的去除；若型腔较深，则需要分层粗加工，然后进行半精加工和精加工。

如图 5-3 所示为一型腔类零件，其外表面均已加工完成，现需要加工腔体部分。加工特征有水平底面和与其相垂直的 4 个侧壁面，相邻壁面交界处为 R4 的圆弧面。由于加工表面粗糙度 Ra 要求为 1.6μm，因此在设计工艺路线时需要包括粗铣、半精铣和精铣 3 个加工阶段。

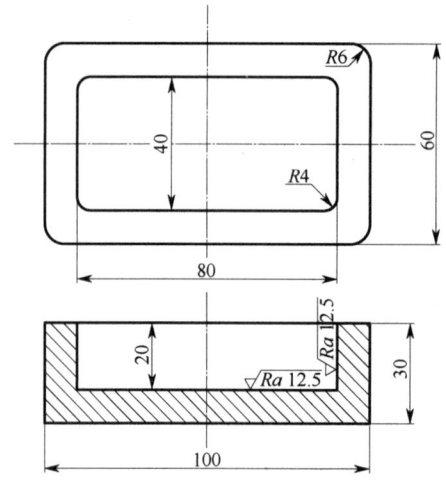

图 5-3 型腔类零件（单位：mm）

如图 5-4 所示为型腔铣削示意图。第一阶段粗铣腔体，去除大部分多余材料，可采用快进给、大切深，以提高加工效率。腔体较深，可分 3 次粗铣完成，为后续半精铣、精铣预留 2mm 的单边余量。第二阶段半精铣腔体，加工余量为 1.5mm，去除粗加工留下的变质层，为精铣做准备；第三阶段精铣腔体，加工余量为 0.5mm，加工后达到所需的加工精度和表面质量。

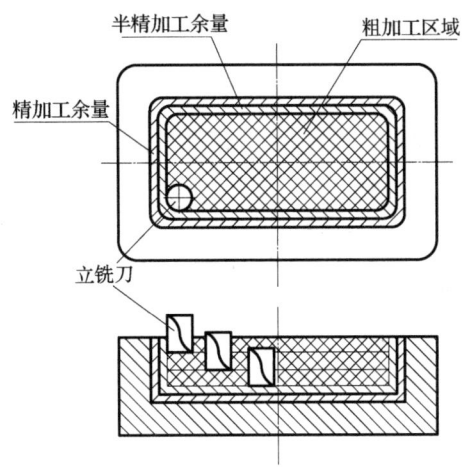

图 5-4 型腔铣削示意图

型腔加工通常采用立铣刀,若型腔壁面为斜面或曲面,则需要采用球头铣刀。铣削时,铣刀在封闭边界内进行加工,受到内部结构特点的限制。粗铣时,刀具半径可大于型腔内轮廓的最小曲率半径,而精铣时,刀具半径一定要小于零件内轮廓的最小曲率半径,一般取内轮廓最小曲率半径的 0.8~0.9。粗铣时,可采用 Z 形走刀路线(见图 5-5(a)),然后环切一周,去除刀具未切削到而留下的残余面积;也可采用环形走刀(见图 5-5(b)),先在加工区域中间沿平行于壁面方向铣槽,然后在加工区域内环形走刀。

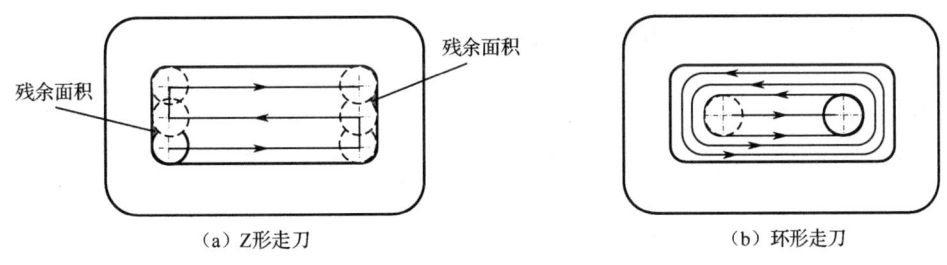

(a) Z形走刀　　　　　　　　　(b) 环形走刀

图 5-5 粗铣走刀轨迹

5.2.3 复杂零件加工

对于结构复杂的零件,其加工表面特征较多,不同加工表面的定位、夹紧方案也不同,在一台机床上很难完成全部表面加工,因此需要设计多个工序,在多个机床上进行加工,加工工艺路线较为复杂。

1. 分度盘加工工艺路线

分度盘是分度装置的主要零件,其材料为 45 号钢,整体结构为回转体,如图 5-6 所示。该零件的所有表面均需要加工,包括 ϕ50mm 凸台端面及外圆面、ϕ100mm 圆盘两侧端面及外圆面、ϕ25mm 轴端面和外圆面、$2\times\phi$12mm 孔、$3\times\phi$6mm 孔、$2\times$M4 螺纹孔、ϕ20mm 孔和 M4 螺纹孔。

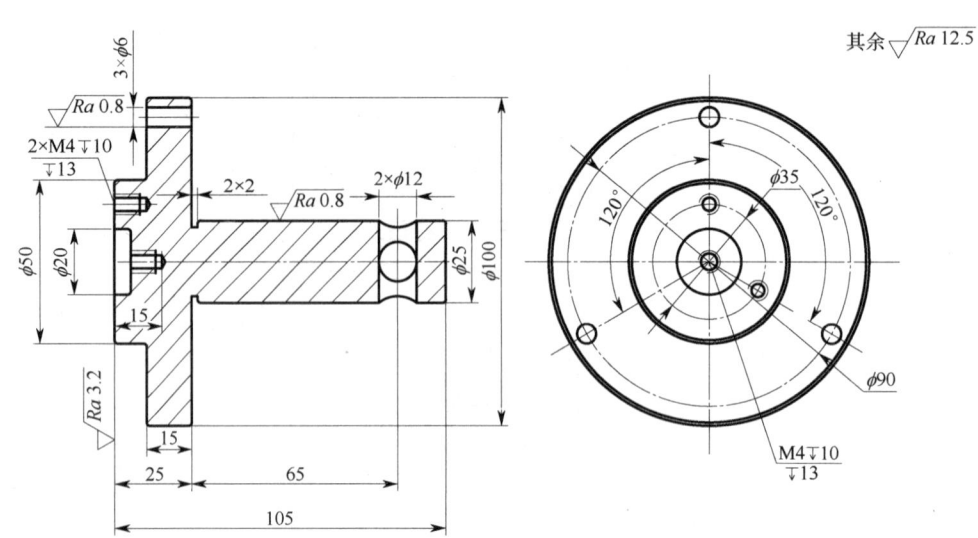

图 5-6 分度盘零件图（单位：mm）

根据先粗后精的原则，先通过粗加工/半精加工将零件所有表面的粗糙度加工至图样要求，然后对 φ25mm 轴外圆面进行精磨，使其表面粗糙度 Ra 达到 0.8μm。根据先主后次的原则，先加工 φ50mm 凸台端面及其外圆面、φ100mm 圆盘两侧面及其外圆面、φ25mm 轴端面及其外圆面，然后加工 2×φ12mm 孔，最后加工其余特征孔。根据基准先行的原则，需要将 φ25mm 轴外圆面和 φ100mm 圆盘外圆面加工出来，作为其他特征表面加工的径向定位基准面；将 φ50mm 凸台端面加工出来，作为其他特征表面加工的轴向定位基准面。根据先面后孔的原则，应先加工 φ100mm 圆盘左侧面和 φ50mm 凸台端面，再加工它们上面的孔。

分度盘毛坯为留有加工余量的圆棒料。根据上述分析，制订分度盘加工工艺路线如下。

工序一：三爪卡盘装夹，粗车一侧端面、打中心孔，掉头粗车另一端面、打中心孔。

工序二：两顶尖定位，利用鸡心夹头带动工件旋转，粗车外圆尺寸至 φ100mm。

工序三：卡盘装夹一端，半精车 φ50mm 凸台端面，粗车 φ50mm 凸台外圆面和 φ100mm 圆盘左侧面。

工序四：工件掉头，粗车 φ25mm 轴外圆面和 φ100mm 圆盘右侧面。

工序五：切 φ25mm 轴外圆面退刀槽，半精车/精车 φ25mm 轴外圆面。

工序六：钻 2×φ12mm 孔。

工序七：钻、精铰 3×φ6mm 孔。

工序八：钻 2×M4 螺纹底孔并攻螺纹。

工序九：车 φ20mm 孔。

工序十：钻 M4 螺纹底孔并攻螺纹。

工序十一：磨 φ25mm 轴外圆面。

工序十二：去毛刺。

工序十三：检验入库。

2. 蜗轮箱体加工工艺路线

图 5-7 所示为蜗轮箱体零件图，材料为 HT200。箱体内外表面均有特征需要加工，其中

外表面包括下底面、ϕ25mm 上凸台面、左右端面、前后ϕ45mm 凸台面，内表面包括ϕ100mm 孔、ϕ80mm 孔、ϕ50mm 孔和ϕ25mm 孔。此外，还有一些次要表面，如螺纹连接孔和倒角需要加工。ϕ25mm 孔的表面粗糙度要求较高，需要通过精加工工序来完成，而其他加工表面通过粗加工或半精加工工序即可完成。

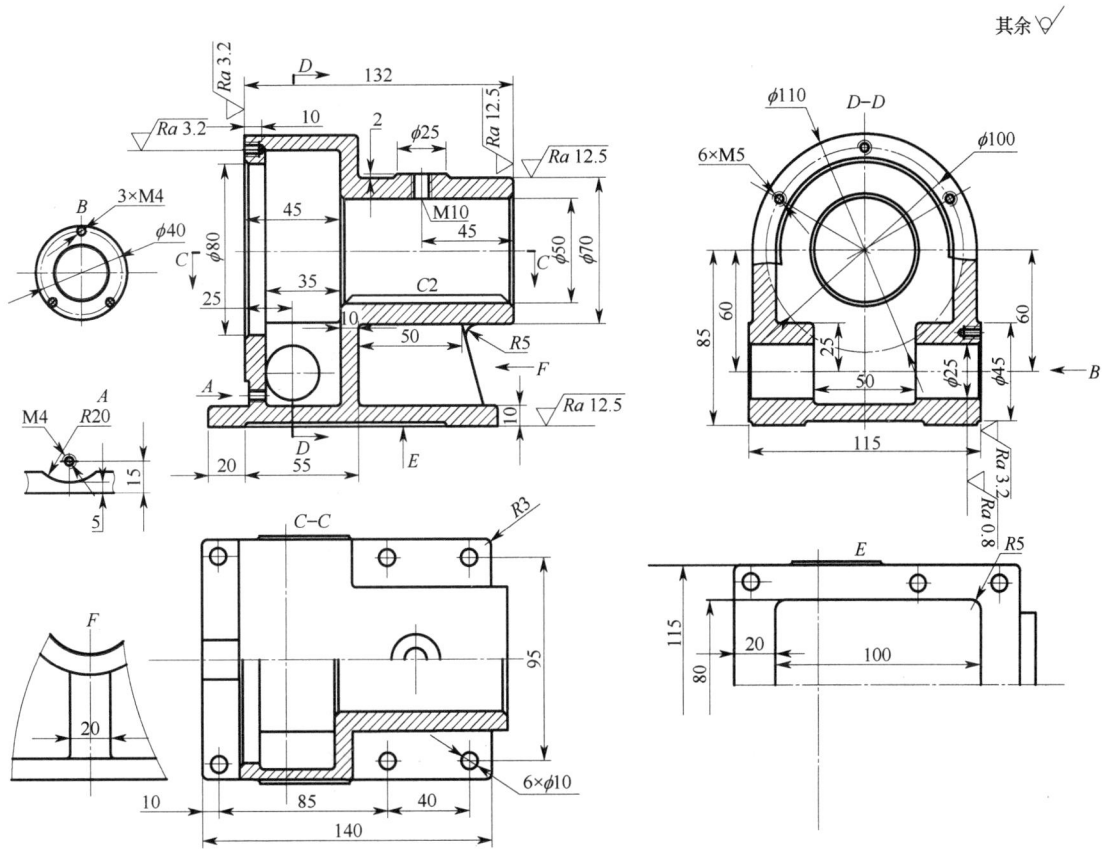

图 5-7　蜗轮箱体零件图（单位：mm）

根据 5.1.1 节中加工顺序安排原则，制订蜗轮箱体加工工艺路线如下。

工序一：铸造毛坯。除螺纹孔和螺栓连接孔外，其他特征均铸造出来，并留机加工余量。

工序二：时效处理。消除铸造应力，防止加工变形。

工序三：箱体下底面作为粗基准，粗铣/半精铣左端面，作为后续工序精基准。

工序四：左端面作为定位基准，粗铣ϕ70mm 右端面。

工序五：左端面作为定位基准，粗铣下底面。

工序六：下底面和左端面定位，粗铣/半精铣前后ϕ45mm 凸台面。

工序七：下底面、右端面和前凸台面定位，粗镗/半精镗ϕ100mm 孔。

工序八：下底面、右端面和前凸台面定位，粗镗/半精镗ϕ80mm 孔并倒角。

工序九：下底面、右端面和前凸台面定位，粗镗/半精镗ϕ50mm 孔并倒角。

工序十：下底面和左端面定位，粗镗/半精镗/精镗ϕ25mm 孔并倒角。

工序十一：下底面和左端面定位，磨ϕ25mm 孔。

工序十二：下底面定位，铣ϕ25mm 上凸台面。
工序十三：下底面、左端面和前凸台面定位，钻 M10 螺纹底孔并攻螺纹。
工序十四：下底面、左端面和前凸台面定位，钻 6×ϕ10mm 孔。
工序十五：下底面、右端面和前凸台面定位，钻 6×M5 螺纹底孔并攻螺纹。
工序十六：下底面、右端面和后凸台面定位，钻 3×M4 螺纹底孔并攻螺纹。
工序十七：下底面、右端面和后凸台面定位，钻 M4 螺纹底孔并攻螺纹。
工序十八：去毛刺。
工序十九：检验入库。

实践任务

5-1 指出图 5-8 所示零件的加工表面,并分析确定加工各表面时的定位、夹紧方案。

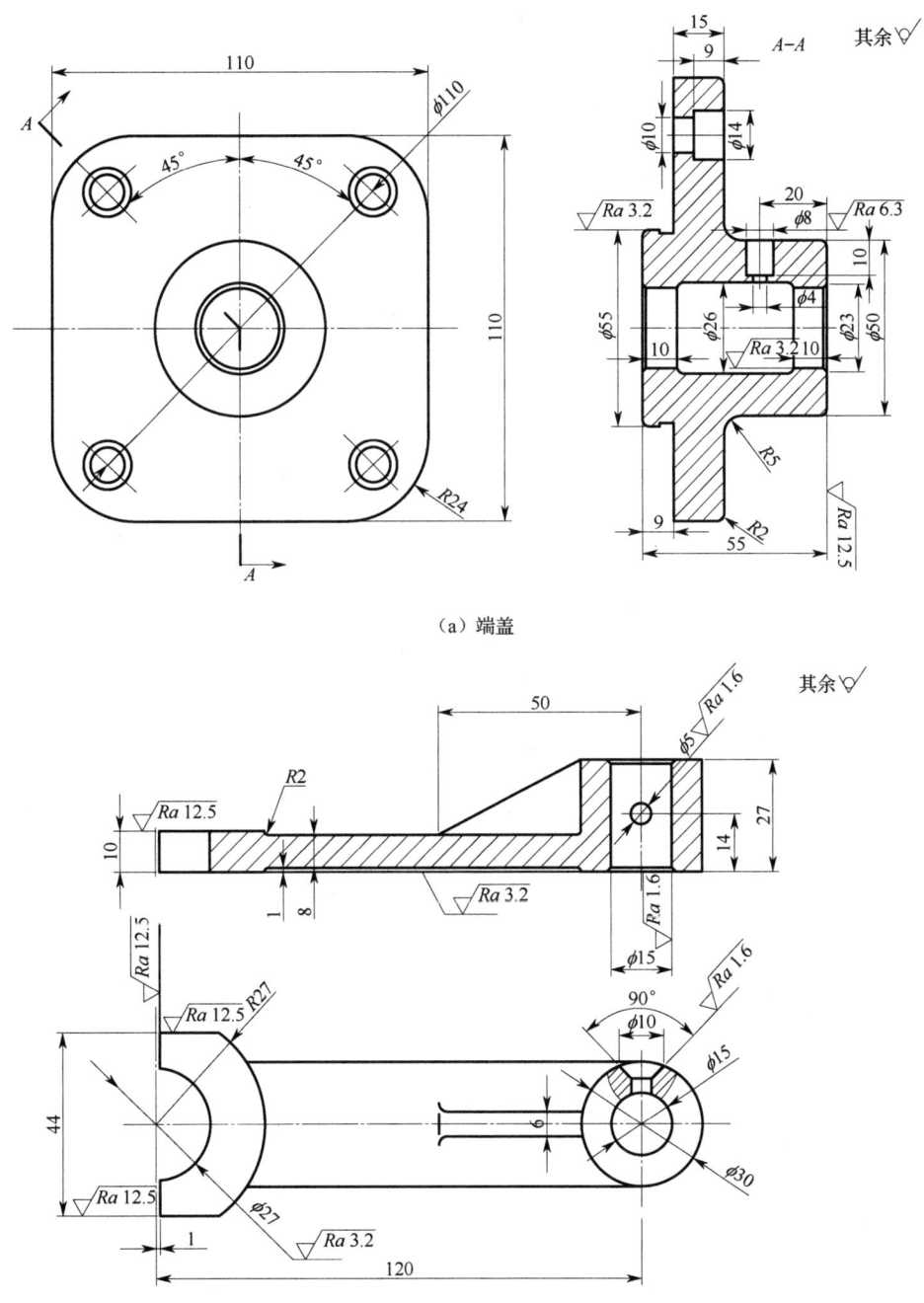

(a) 端盖

(b) 拨叉

图 5-8 任务 5-1 图(单位:mm)

5-2 试制订图 5-9 所示各零件的加工工艺路线，并指出各加工工序所选用的机床、刀具和夹具等工艺装备。

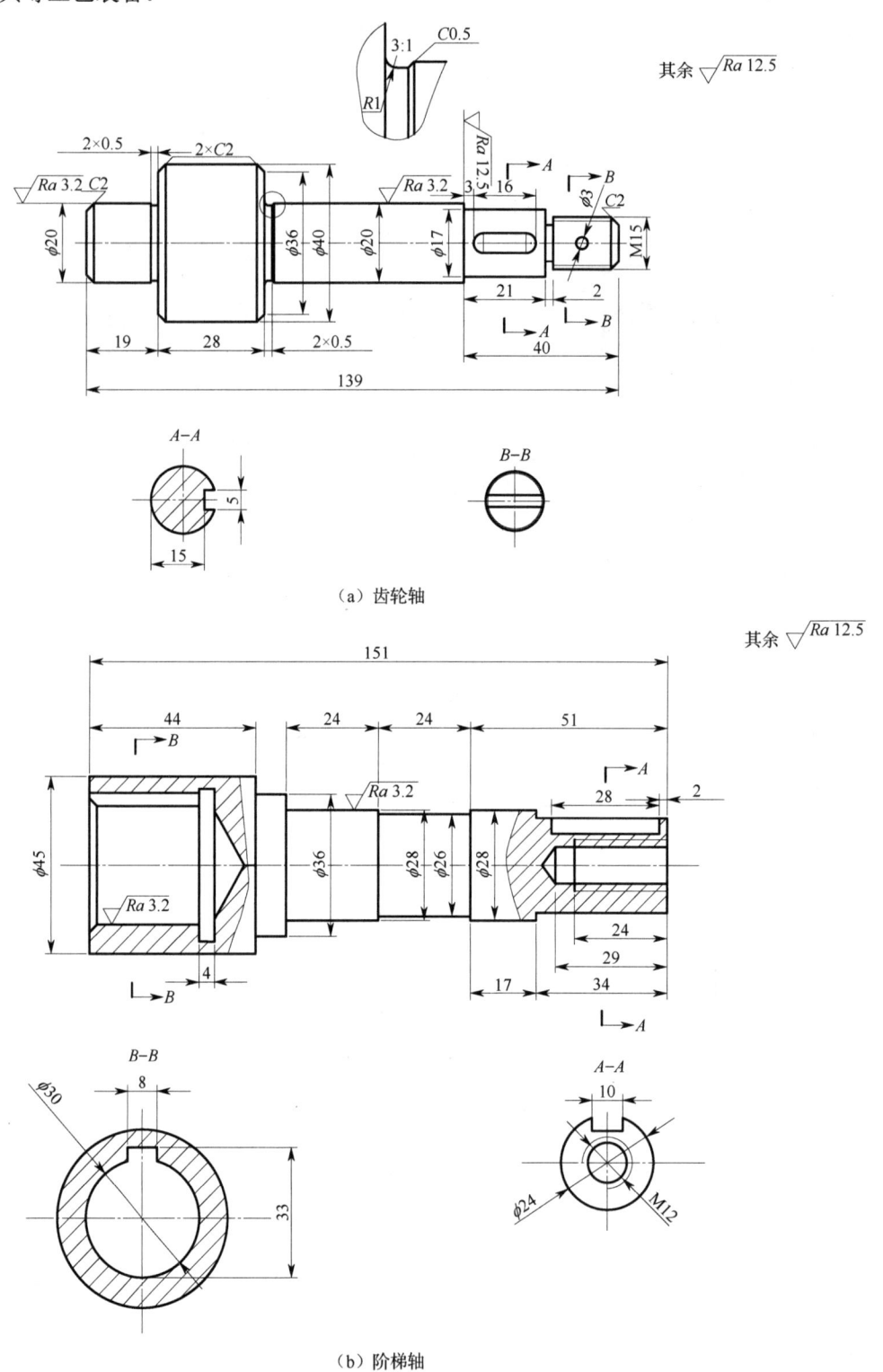

(a) 齿轮轴

(b) 阶梯轴

图 5-9 任务 5-2 图（单位：mm）

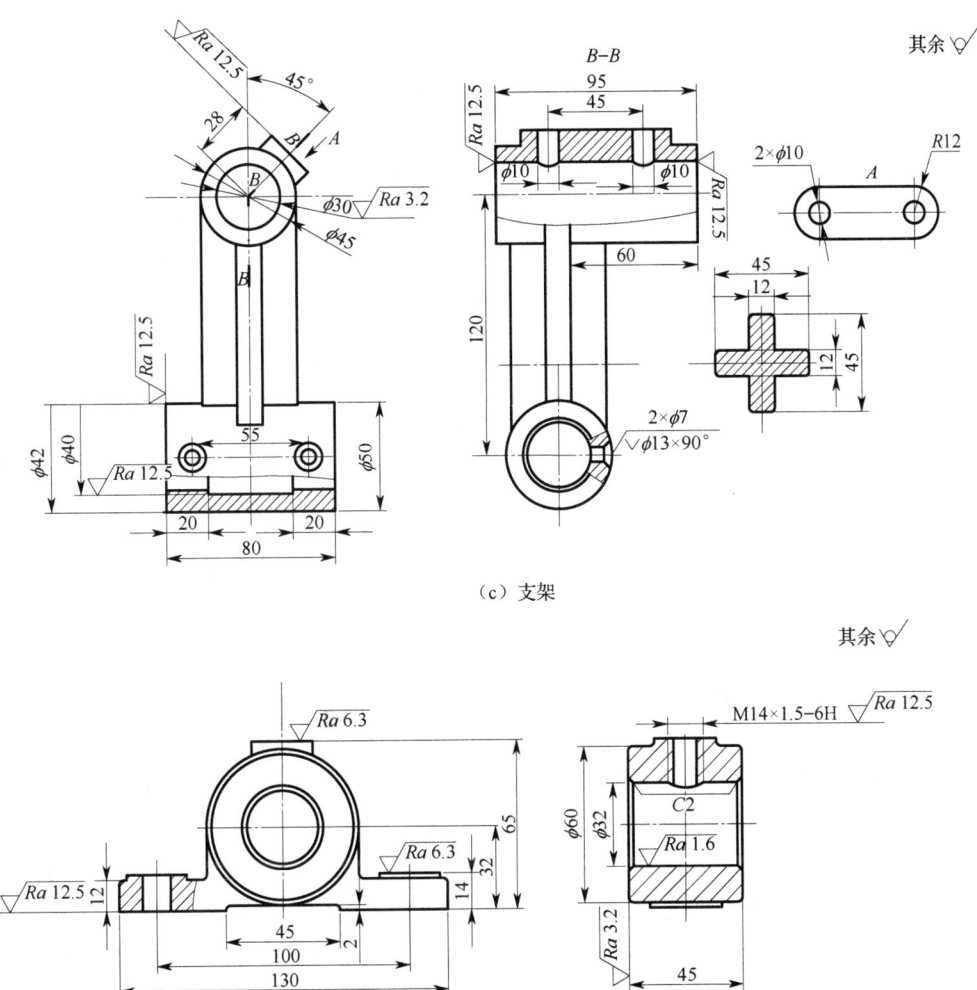

(c) 支架

(d) 轴承座

图 5-9 任务 5-2 图（单位：mm）（续）

5-3 实践体会

第6章　数控加工实践

数控机床与普通机床的主要区别在于，数控机床带有数控系统，其执行部件的运动均是通过数控系统发出的指令来控制的。零件的加工质量不仅与机床的几何精度、运动精度及刚度等有关，与控制机床运动的数控程序也有密切关联。了解数控编程的基础知识和程序运行原理，对高效率发挥数控机床的最大优势、提高零件的加工质量和加工效率有重要意义。

6.1　数控机床操作

6.1.1　数控机床操作规程

数控机床属于高精密加工设备，操作时必须严格遵守安全操作规程，未经专业培训不得擅自操作机床。操作前需按规定穿戴好防护用品，不准戴手套操作，女生的发辫应放在帽子里。

1. 工作前的注意事项

① 机床开机，检查机床上的防护、保险、信号、位置、机械传动部分、电气、数显等系统的运行状况是否正常。

② 开车预热，检查机床各润滑点是否润滑正常，各油压值、空压机压缩空气压力是否在正常范围内，切削液是否能够正常浇注。

③ 在每次电源接通后，必须先完成各坐标轴的返回参考点操作，然后进入其他运行方式，以确保各轴坐标的正确性。所有轴回参考点后，即建立了机床坐标系。

④ 手动操作时，应先将进给率开关旋到 0% 位置，再逐渐加大进给，并检查所选定坐标轴移动方向是否正确。使用手轮或快速移动方式移动各坐标轴时，一定要先确认各轴方向的"+""-"标识后再操作。

2. 工作过程中的注意事项

① 检查刀具选择、安装是否准确，切削刃是否存在破损，若存在破损应及时更换刀具；检查工件定位基准面是否与定位元件工作面紧密接触，工件夹紧是否稳固可靠。

② 直接编写或导入程序后，先进行图形仿真，确认程序无误后再进行机床试运行。出现程序报错时，要进入程序编辑模式，根据报错提示信息逐条查找原因，及时排除警报。

③ 机床开始加工时必须关好防护门，以免切屑、润滑油、切削液飞出。正常加工进程中不允许打开防护门，可透过防护窗观察切削及冷却情况，确保机床刀具正常运行。

④ 加工时，操作人员不能离开工位，出现紧急情况，如撞刀、工件跌落等，应立刻按下红色"急停"按钮。

3. 加工结束后的注意事项

① 程序运行结束，机床完全停止后方可进行工件测量、拆卸，以免出现伤人事故。

② 调整机床、装夹工件和刀具以及清洁机床时，必须停车。

③ 使用专门工具清扫清除铁屑，不能将工具或其他物品放在电气柜和防护罩上。
④ 检查润滑油、冷却液的状况，定时添加或更换，做好机床的日常保养。
⑤ 依次关闭机床操纵面板上的电源和总电源。
⑥ 打扫现场卫生，填写机床使用记录。

6.1.2 数控车床操作

操作面板是数控机床的重要组成部分，是操作人员与数控机床进行交互的工具。各生产厂家设计的操作面板也不尽相同，一般分为 3 个区域：液晶显示区、数控键盘区和机床控制区，如图 6-1 所示。

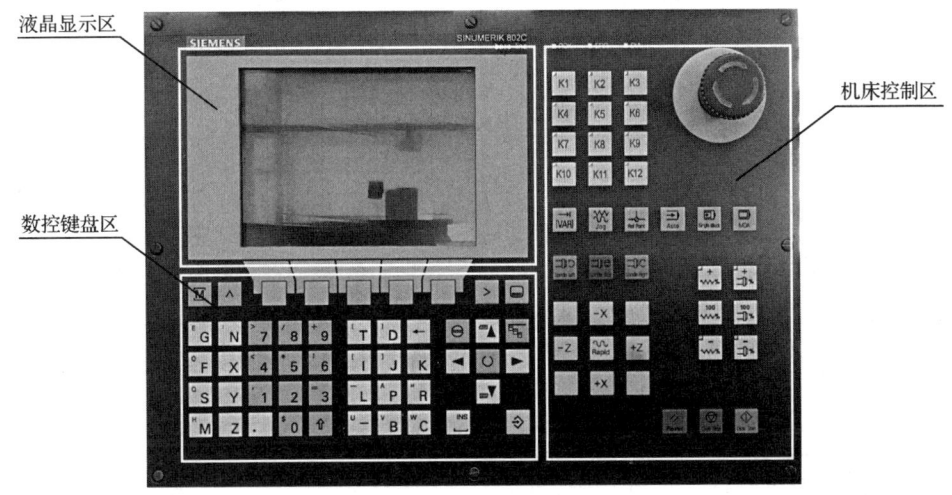

图 6-1　SINUMERIK 802C 操作面板

液晶显示区为操作人员提供必要的信息，包括正在编辑的程序、正在运行的程序、机床的加工状态、机床坐标轴的指令/实际坐标值、加工轨迹的图形仿真、故障报警信号等。数控键盘区包括 MDI 键盘和软键，MDI 键盘一般由字母键、数字键和符号键组成，主要用于数控程序的编辑、参数输入等；软键用于液晶显示区内数控系统菜单的交互操作。机床控制区内的按钮用于直接控制机床的动作或加工过程，如启动、暂停零件程序的运行，手动进给坐标轴，调整进给速度等。

数控键盘区各按键的功能见表 6-1。

表 6-1　数控键盘区各按键的功能

序　号	按　键	功　能	序　号	按　键	功　能
1		软键	3		返回键
2		加工显示键	4		菜单扩展键

续表

序号	按键	功能	序号	按键	功能
5		区域转换键	12		选择/转换键
6		光标向上键 上挡：向上翻页键	13		回车/输入键
7		光标向左键	14		上挡键
8		删除键（退格键）	15		光标向下键 上挡：向下翻页键
9		数字键 上挡转换对应字符	16		光标向右键
10		垂直菜单键	17		空格键（插入键）
11		报警应答键	18		字母键 上挡转换对应字符

机床控制区各按键的功能见表 6-2。

表 6-2 机床控制区各按键的功能

序号	按键	功能	序号	按键	功能
1	Reset	复位键	9	Auto	自动运行键
2	Cycle Stop	程序停止键	10	Single Block	单段运行键
3	Cycle Start	程序启动键	11	MDA	手动运行键
4	K1 ... K12	用户定义键 （带 LED）	12	Spindle Left	主轴正转
5		用户定义键 （不带 LED）	13	Spindle Stop	主轴停止
6	[VAR]	增量选择键	14	Spindle Right	主轴反转
7	Jog	点动键	15	Rapid	快速运行叠加
8	Ref Point	回参考点键	16	-X +X	X 轴点动

续表

序号	按键	功能	序号	按键	功能
17	-Z +Z	Z轴点动	21	+ ⊓%	主轴进给正（带LED）
18	+ ⋙%	轴进给正（带LED）	22	100 ⊓%	主轴进给100%（不带LED）
19	100 ⋙%	轴进给100%（不带LED）	23	- ⊓%	主轴进给负（带LED）
20	- ⋙%	轴进给负（带LED）			

【例 6-1】 如图 6-2 所示为一圆柱铝棒，其直径为 $\phi 21$mm，长度为 60mm，现需将一端车削至图示结构，试在数控车床上完成上述加工。

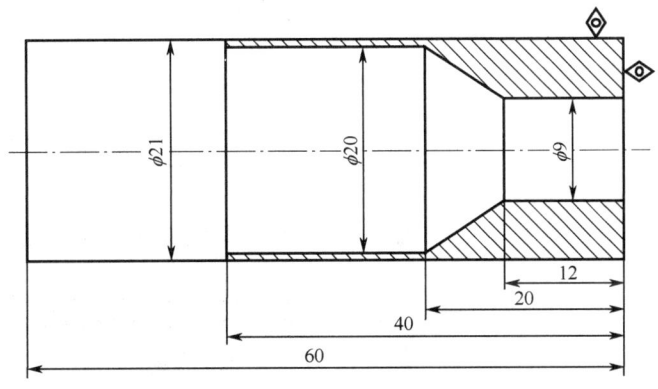

图 6-2 圆柱铝棒加工示意图（单位：mm）

解 操作步骤如下。

（1）开机

先打开总电源开关，再开通 SINUMERIK 802C 的电源，启动系统。

（2）回参考点

开机后，先按"点动"键，用手动方式将各轴位置移动到距离机床原点 -100mm 以上，然后按"回参考点"键，执行回零操作，回零顺序为：首先 +X 轴，其次 +Z 轴。

（3）安装刀具、工件

将车刀安装到四方刀架上，拧紧压刀螺栓；将铝棒一端装夹到三爪卡盘上，拧紧卡爪，确保铝棒装夹稳固。

（4）载入数控程序

利用数控系统导入接口将编写好的数控程序载入数控系统，操作见表 6-3。在开机界面下，系统界面无菜单显示，需要按操作面板上的"区域转换"键显示出软键的菜单，然后点击"程序"键，在程序选择界面查找、选择数控程序。若程序较短，也可建立新程序，然后手动输入数控程序代码。

表 6-3　数控车削程序载入操作

序号	说明	操作界面
1	开机界面	
2	按操作面板上的"区域转换"键,在操作界面下方显示对应软键的菜单	
3	点击"程序"键,对应软件进入程序选择界面	
4	上下移动光标查找数控程序,然后点击"选择"键,载入程序	

（5）对刀

使用手动方式进行试切对刀，对刀时主轴的转速一般为300～800r/min。对刀步骤：①分别选择 X 轴、Z 轴并将它们移动至靠近铝棒右端面处；②对 Z 轴原点，移动 X 轴、Z 轴，使刀尖轻碰右端面，以很小的切削量切平端面后，沿+X 方向退刀，主轴停止。按"区域转换"键，在操作界面下方出现对应软键的菜单，点击"参数"键，再点击"对刀"键，进入对刀窗口，点击"轴+"键，进入 Z 轴对刀界面，在 Z 轴坐标偏移处输入0，点击"计算"键，完成 Z 轴对刀；③对 X 轴原点，刀尖轻碰外圆，并用很小的切削量对外圆面进行试切削，试切削长度为3～4mm，然后用游标卡尺测量试切削部分的直径，点击"轴+"键切换到 X 轴对刀界面，将测量数据输入 X 轴坐标偏移处，然后点击"计算"和"确认"键，对刀完毕。数控车削对刀零点设置见表6-4。

表6-4 数控车削对刀零点设置

序 号	说 明	操 作 界 面
1	按"区域转换"键，进入主菜单操作界面	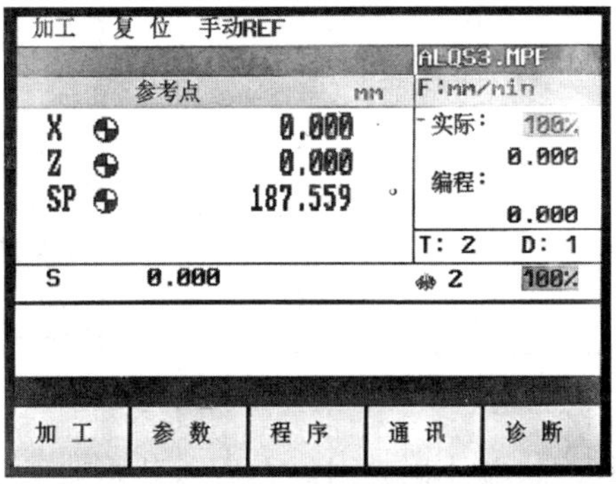
2	点击"参数"键，进入刀具设置操作界面	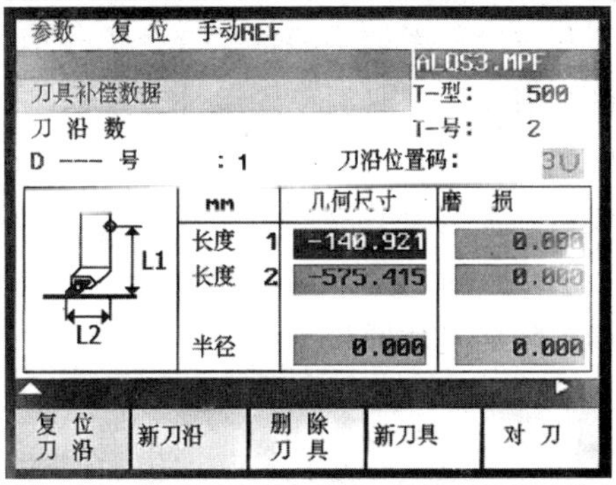
3	点击"对刀"键，进入对刀操作界面	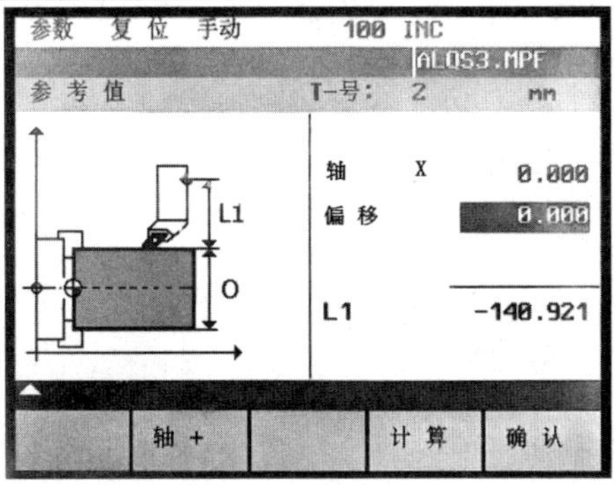

续表

序　号	说　明	操作界面
4	点击"轴+"键，切换到Z轴对刀界面，在Z轴偏移处输入"0"，设置Z轴零点坐标	参数 复位 手动　10 INC ALQS3.MPF 参考值　T-号：2 G=G500/G54-57 轴　Z　-534.100 偏移　0.000 G　500　0.000 L2　-534.100 轴+　计算　确认
5	点击"轴+"键，切换到X轴对刀界面，在X轴偏移处输入试切削后测量的工件直径值	参数 复位 手动　10 INC ALQS3.MPF 参考值　T-号：2 轴　X　-131.815 偏移　18.160 L1　-140.895 轴+　计算　确认

（6）加工

当数控程序检验正确并对好刀后，开始加工。首先让数控程序复位，机床各轴回零，然后将快速倍率和进给倍率调至最低，选择单段运行方式运行程序，确认程序正常运行后，再调整转速、进给倍率等，取消单段运行方式，按"自动运行"键开始加工。

（7）结束

加工结束后，在卡盘装夹的情况下，进行工件尺寸检测。若工件尺寸不合格，需要进行适当的刀具补偿，重新加工，直至尺寸合格后再拆卸工件。

圆柱铝棒车削加工数控代码如下：

```
O6001;                              程序号（西门子数控用O+数字表示）
N10 G95 T2 D1;                      设置车刀
N20 S800 M3;                        启动主轴，转速为800r/min
N30 G0 X22 Z2;                      刀具移动到安全位置
N40 G0 X16 Z2;                      进刀
N50 G1 Z-12 F0.3;                   车右端圆柱直径至φ16mm，长度12mm
N60 X20 Z-20;                       车圆锥面，高度8mm
N70 Z-40;                           车左端圆柱至直径φ20mm，长度20mm
N80 G0 X22 Z2;                      退刀至安全位置
N90 G0 X12 Z2;                      进刀
N100 G1 Z-12 F0.3;                  车右端圆柱直径至φ12mm
N110 X20 Z-20;                      车圆锥面
N120 Z-40;
```

```
N130 G0 X22 Z2;                    退刀至安全位置
N140 G0 X10 Z2;                    进刀
N150 G1 Z-12 F0.3;                 车右端圆柱直径至ϕ10mm
N160 X20 Z-20;                     车圆锥面
N170 Z-40;
N180 G0 X22 Z2;                    退刀至安全位置
N190 G0 X9 Z2;                     进刀至精加工起点
N200 G1 Z-12 F0.1;                 车右端圆柱直径至ϕ9mm
N210 X20 Z-20;                     车圆锥面
N220 Z-40;
N230 G0 X100 Z100;                 退刀
N240 M30;                          程序结束
```

铝棒外圆表面车削加工过程如图 6-3 所示。

例 6-1 视频

图 6-3　铝棒外圆表面车削加工过程

6.1.3　数控铣床操作

如图 6-4 所示为华中数控 HNC-808xp 数控系统的操作面板。该面板分为液晶显示区、数控键盘区、机床控制区、主菜单功能键（7 个）和子菜单功能键（F1~F6）。在数控键盘区的左上角有用于程序导入的 USB 接口。

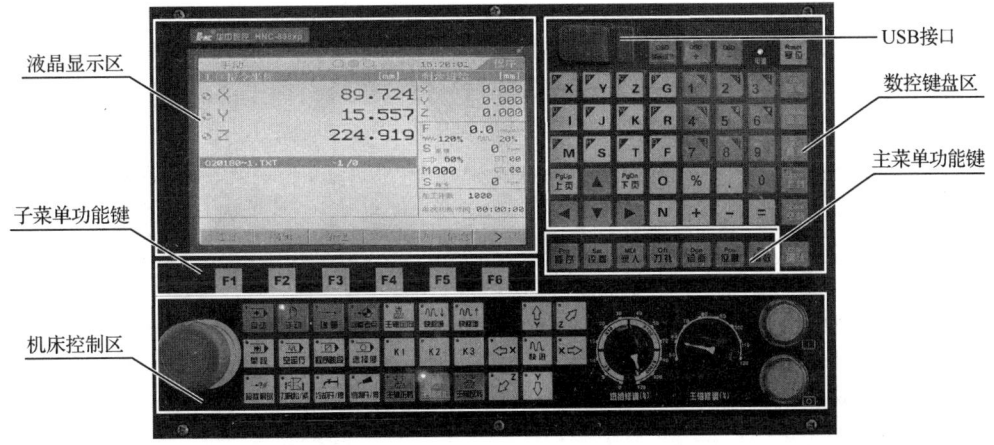

图 6-4　HNC-808xp 数控系统的操作面板

1. 软件操作界面

如图 6-5 所示，液晶显示区用于显示系统软件操作界面，共分为 6 个显示区，具体如下：
① 用来显示机床坐标、图形、报警信息、寄存器信息等用户所需信息。
② 用来显示进给修调、快速修调、主轴修调、M 指令、T 指令、F 速度、主轴转速等信息。
③ 用来显示剩余进给、机床实际坐标、工件零点等信息，可使用数控键盘区中的"%"键进行切换。
④ 用来显示当前加工的数控 G 代码。
⑤ 用来显示当前加工方式、系统运行状态、三挡开关状态。

工作方式：显示当前的工作方式，如自动、单段、手动、增量和回参考点等。

运行状态：报警时会显示"出错"提示。

三挡开关状态：显示自动运行时的三挡开关状态，绿灯表示主轴可以转动，进给轴可以正常移动；黄灯表示主轴可以转动，进给轴不能移动；红灯表示主轴不能转动，进给轴不能移动。

⑥ 用来显示系统或 PLC 的提示信息。

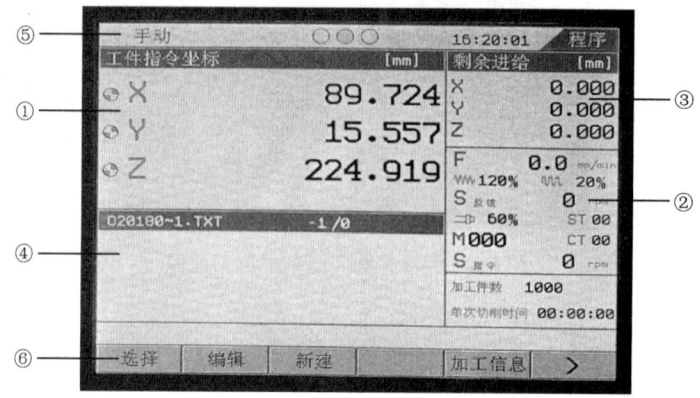

图 6-5 HNC-808xp 数控系统的软件操作界面

2. 菜单功能键

如图 6-6 所示，HNC-808xp 数控系统的操作面板菜单键包括 7 个主菜单功能键，每个主菜单下最多可有 6 个相应的一级子菜单功能键 F1～F6，部分一级子菜单下还有二级子菜单。各菜单功能见表 6-5。

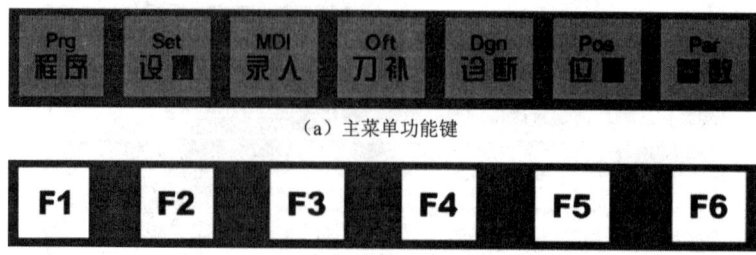

图 6-6 HNC-808xp 数控系统的菜单功能键

表 6-5 菜单功能表

菜单项	子菜单功能键					
	F1	F2	F3	F4	F5	F6
主菜单：程序，用于 G 代码编辑、运行控制、断点操作等						
一级子菜单	选择	编辑	新建	—	加工信息	>
二级子菜单	复制、载入、删除、排序	运行、保存、查找、高级功能	—	—	工件清零、时间清零、预设	高级功能
主菜单：设置，用于自动坐标系、浮动零点、相对清零，系统配色设置等						
一级子菜单	坐标系	参数	相对清零	宏变量	报警清空	换肤
二级子菜单	—	—	X清零、Y清零、Z清零	—	—	—
主菜单：录入，用于手动指令输入和运行						
一级子菜单	—	—	—	回断点	—	—
主菜单：刀补，用于刀具长度、半径、磨损值及刀尖方位的设定						
一级子菜单	刀号	组号	—	刀补表	—	—
二级子菜单	—	—	—	组号、长度、刀库表、半径、寿命、位置	—	—
主菜单：诊断，用于查看系统的工作状态，定位故障原因						
一级子菜单	输入/输出	寄存器	报警	报警历史	存储	>
二级子菜单	—	二进制、十六进制、检索	—	—	—	高级功能
主菜单：位置，用于查看机床的运行状态						
一级子菜单	机床	工件	联合	正文	图形	其他
主菜单：参数，用于系统参数的修改及密码修改等						
一级子菜单	输密码					

3. 数控键盘区

数控键盘区有字母键、数字键、编辑操作键和亮度调节键等。字母和数字键具有上挡键功能，当按下上挡键时，其上的指示灯亮起，此时再按下字母或数字键时，输出对应的字母或符号。数控键盘区主要用于零件程序的编制、参数输入、MDI 操作等。数控键盘区各按键的功能见表 6-6。

表 6-6 数控键盘区各按键的功能

序号	按键	功能	序号	按键	功能
1	OSD显示调节	显示屏调节	3	电源	电源指示灯
2	OSD+ OSD-	调节显示屏亮度	4	X...T	字母键 上挡转换对应字母

续表

序号	按键	功能	序号	按键	功能
5	1...9	数字键 上挡转换对应符号	11	Delete 删除	删除当前字符
6	Reset 复位	复位键 (使所有轴停止运动,所有辅助功能输出无效,机床停止运行,系统呈初始上电状态,清除系统报警信息,加工程序复位)	12	Enter 确认	确认当前操作;结束一行程序的输入并且换行
7	BS 退格	光标向前并删除前面的字符	13	PgUp PgDn 上页 下页	向上、向下翻页
8	Alt 替换	用输入的数据替代光标所在的数据	14	▲▼◀▶	光标移动键
9	Upper 上挡	上挡键	15	% +	各类符号键
10	Space 空格	空出一格			

4. 机床控制区

机床控制区按键包括工作方式选择按键、主轴和坐标轴手动控制按键、主轴速度和进给速度修调旋钮以及其他机床动作控制按键,如刀具松/紧、冷却开/停等,具体见表6-7。

表6-7 机床控制区各按键的功能

序号	按键	功能	序号	按键	功能
1	自动	自动连续加工工件;模拟校验加工程序;在MDI模式下运行指令	4	回参考点	可手动返回参考点,建立机床坐标系。机床开机后,应首先进行回参考点操作
2	手动	可手动换刀、移动机床各坐标轴,手动松紧卡爪,伸缩尾座、主轴正反转,冷却开/停、润滑开/停等	5	单段	按下该键,程序运行一个程序段就停下来,再按下该键,可控制程序再运行一个程序段
3	增量	用于定量移动机床坐标轴,移动距离由修调倍率调整,可控制机床精确定位,但不连续	6	空运行	在自动方式按下该键后,机床以系统最大移动速度运行程序

续表

序号	按键	功能	序号	按键	功能
7	程序跳段	若程序中使用了跳段符号"/"，当按下该键后，程序运行到有该符号标定的程序段，即跳过不执行该段程序；解除该键，则跳段功能无效	16	K1	圆弧进给
8	选择停	如果程序中使用了M01辅助指令，当按下该键后，程序运行到该指令即停止，再按"循环启动"键，继续运行；解除该键，则M01功能无效	17	K2	直线进给
9	超程解除	在移动轴有超程报警时，按下此键，可解除报警	18	K3	定位点
10	刀具松/紧	在手动方式下，按下此键，松开刀具，可进行更换刀具操作，再按下此键，夹紧刀具	19	主轴正转	手动/手摇/单步方式下，按下此键，主轴电机以机床参数设定的速度正向转动，但正在反转的过程中，该键无效
11	冷却开/停	在手动/手摇/单步方式下，按下此键，打开冷却开关，同带自锁的按钮，进行开—关—开切换	20	主轴停止	手动/手摇/单步方式下，按下此键，主轴停止转动，机床正在做进给运动时，该键无效
12	润滑开/停	在手动/手摇/单步方式下，按下此键，打开润滑开关，同带自锁的按钮，进行开—关—开切换	21	主轴反转	手动/手摇/单步方式下，按下此键，主轴电机以机床参数设定的速度反向转动，但在正转的过程中，该键无效
13	主轴定向	将主轴定位到指定的角度位置，可用于换刀动作中或重复加工	22	←X X→	机床X轴的正、负方向移动，仅在手动、增量和回零方式下有效
14	快移增	快移速度的修调，每按一下，修调倍率递增10%	23	↑Y Y↓	机床Y轴的正、负方向移动，仅在手动、增量和回零方式下有效
15	快移减	快移速度的修调，每按一下，修调倍率递减10%	24	Z↗ Z↙	机床Z轴的正、负方向移动，仅在手动、增量和回零方式下有效

续表

序 号	按 键	功 能	序 号	按 键	功 能
25	快进	同时按下轴方向键和"快进"键时,以系统设定的最大移动速度移动	28		循环启动键,自动/单段方式下有效。按下该键后,机床可进行自动加工或模拟加工
26		进给速度修调	29		进给保持键,在加工过程中按下该键时,刀具相对于工件的进给运动停止,再按下"循环启动"键后,继续运行下面的进给运动
27		主轴速度修调	30		紧急情况下,使系统和机床立即进入停止状态,所有输出全部关闭

【例6-2】如图6-7所示为二维几何图形,图形线宽为6mm,试用立式数控铣床在尺寸为150mm×75mm的塑料板上加工出该图形,要求切削深度为2mm。

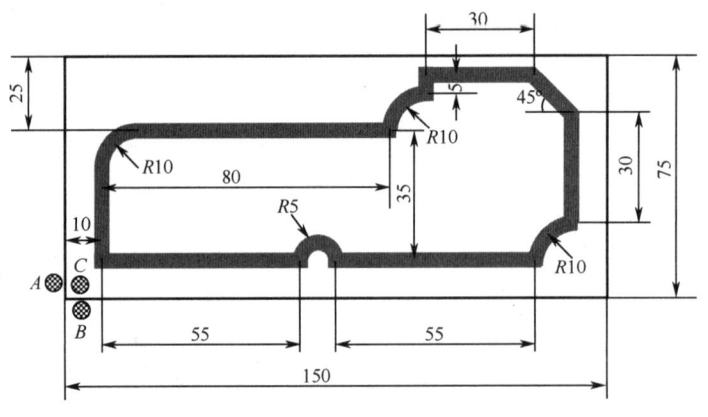

图6-7 二维几何图形(单位:mm)

解 操作步骤如下。

(1)开通HNC-808xp数控系统的电源,启动系统,按机床控制区的"回参考点"键进行各轴回零操作,首先按+Z键使Z轴回到初始位置,然后依次按+X、+Y键使X轴和Y轴回到初始位置。

(2)利用月牙扳手拧下刀柄锁紧螺母,取出弹簧夹头,更换适用于ϕ6mm立铣刀的夹头,安装铣刀;将塑料板安装在工作台的平口钳上,塑料板上表面要高出平口钳4mm,以防止误操作或加工程序错误造成撞刀事故。

(3)首先确定对刀点,这里将工件左下角作为对刀点,然后点击面板上的"增量"键,在手轮操作下进行对刀操作。采用塞尺对刀法时,先在×100倍率下将各坐标轴移动到对刀点附近,再在×10倍率下缓慢靠近对刀点,然后在工件和对刀具之间放对刀塞尺,在×1倍率下移动各轴，直至刀具轻微碰到塞尺，此时认为各坐标轴在工件坐标系中的坐标值为零。采用试切法时，先让主轴旋转，然后让刀具靠近工件，慢慢接触直到有少许切屑产生，此时认为该坐标轴在工件坐标系中的坐标值为零。

使用试切法进行对刀，先设置 X 轴零点坐标，将刀具移动到工件的左侧面 A 点，然后选择合适的倍率使刀具靠近工件左侧面，当产生少许切屑时，点击系统软件操作界面上的"设置"键进入系统设置界面，点击"坐标系"键，进入工件坐标系原点设置界面。将光标移动到 X 轴，然后点击"测量"键，在测量值输入处输入"0"，再点击"确认"键，完成 X 轴零点的设置，此时系统软件操作界面上机床坐标系 X 轴坐标与工件坐标系 X 轴坐标一致。工件坐标系 X 轴零点设置见表 6-8。设置 Y 轴零点坐标时，将刀具移动到与 Y 轴垂直的工件侧面 B 点；设置 Z 轴零点坐标时，将刀具移动到工件表面之上 C 点，然后按照上述步骤完成 Y 和 Z 轴零点设置。

表 6-8 工件坐标系 X 轴零点设置

序 号	说 明	操 作 界 面
1	点击"设置"键进入一级子菜单设置界面	
2	点击"坐标系"键进入二级子菜单设置界面，设置 X 轴零点坐标	
3	设置完成后，系统软件操作界面上工件坐标系和机床坐标系中的 X 轴坐标一致	

（4）将 U 盘插入操作面板上的 USB 接口，然后点击系统软件操作界面上的"程序"键，

再按F1键，进入程序选择界面，利用数控键盘区的光标移动键找到编写好的数控程序。点击"预览"键可检查数控程序，需要重点检查程序中的Z坐标。如果需要对数控程序进行修改，则需要依次点击"载入""编辑"键进入程序编辑界面。编辑结束后，返回上一级菜单，再次点击"载入"键载入程序，使程序处于待执行状态。数控程序载入与编辑见表6-9。

表6-9 数控程序载入与编辑

序 号	说 明	操 作 界 面
1	系统软件操作界面	
2	点击"程序"键，再点击"选择"键，进入程序选择界面	
3	载入程序后，程序进入待执行状态	
4	点击"编辑"键进入程序编辑界面	

(5) 机床各轴回零,并将进给速度修调旋钮和主轴速度修调旋钮旋至最低,然后依次按"单段"和循环启动键,先单段运行程序,确认程序正常运行后,再按"自动"键,并调节适当的进给速度倍率和主轴速度倍率,按循环启动键开始加工。

(6) 加工结束后,确定主轴停止转动、工作台停止移动后,先手动将主轴抬高到适当位置,然后拆卸工件。

二维几何图形铣削加工程序代码如下:

%6002;	程序号(华中数控用%+数字表示)
N01 G54;	工件坐标系
N02 T01;	使用1号刀具
N03 M03 S500;	主轴正转,转速为500r/min
N04 G00 X10 Y5 Z30;	快速移动到(10,5,30)坐标点
N05 G01 Z-2 F200;	开始加工,切削深度2mm,进给速度200mm/min
N06 G01 X65;	直线插补,X轴走刀至65mm
N07 G02 X75 Y5 R5;	顺时针圆弧插补,加工$R5$圆弧
N08 G01 X130;	X轴走刀至130mm
N09 G02 X140 Y15 R10;	加工1/4圆弧$R10$
N10 G01 Y45;	Y轴走刀至45mm
N11 G01 X130 Y55;	X轴走刀至130mm,Y轴走刀至45mm
N12 G01 X100;	X轴走刀至100mm
N13 G01 Y50;	Y轴走刀至50mm
N14 G03 X90 Y40 R10;	逆时针圆弧插补,加工$R10$圆弧
N15 G01 X20;	X轴走刀至20mm
N16 G03 X10 Y30 R10;	加工$R10$圆弧
N17 G01 Y5;	Y轴走刀至5mm
N18 G00 Z100;	加工结束,Z轴抬刀至100mm
N19 M05;	主轴停止转动
N20 M30;	程序结束并返回原点

铣削加工出的零件如图6-8所示。

图6-8 铣削加工出的零件

例6-2视频

6.2 数控编程基础

6.2.1 数控编程步骤

数控编程是指将零件的加工信息,包括加工顺序、零件轮廓轨迹尺寸、工艺参数以及其他辅助运动等,用规定的字母、数字和符号组成的代码按一定的格式编写的加工程序清单,并将加工程序清单的信息变成控制介质的整个过程。数控编程的基本步骤如下。

1. 分析零件图和制订工艺内容

首先分析零件图,明确零件各加工表面的形状、尺寸及加工要求等;然后确定加工方案,包括加工顺序、走刀路线、刀具和夹具选择以及切削用量计算等。

2. 数值计算

根据零件图上加工表面的几何信息、加工顺序、走刀路线等,计算刀具中心运动轨迹,获得刀位数据。

3. 编写程序

根据上述加工方案和刀位数据,按照数控系统规定指令代码和程序段格式,逐段编写数控程序。

4. 导入程序

简单的数控程序可以直接通过数控面板编写并存入数控系统,复杂的数控程序则需要在计算机上完成编写,然后通过数控面板上的通信接口导入数控系统。

5. 程序检验

在正式加工前必须对程序进行检验,以防出现刀具碰撞、走刀路线错误等问题。检测程序时,通常使刀具空走(无切削行为),以此来检验机床各执行部件的动作是否执行、刀具的运动轨迹是否正确,也可通过试切蜡块、塑料等价格低的易切材料检验程序。

6.2.2 数控编程方法

数控程序的编制方法主要有两种:手工编程和自动编程。

1. 手工编程

手工编程指由技术人员根据零件的几何信息和加工方案等完成数控程序的编写,这要求技术人员必须熟悉数控代码指令及编写规则,同时具备一定的机械加工工艺知识和数值计算能力。

手工编程的特点是耗时长,容易出现错误,通常适用于零件加工表面简单、所需程序不长的情况,难以胜任复杂曲面零件的程序编写。

2. 自动编程

自动编程是指在编程过程中，除分析零件图和制订工艺内容外，其他步骤（包括数学处理、编写程序、检验程序等）均由计算机软件自动完成。目前广泛使用的数控编程软件有 UG、Catia、Pro/E、Mastercam 等。数控编程软件本身具有三维图形绘制功能，编写完成的数控程序可以通过三维动画演示刀具的运动轨迹和加工效果，使技术人员及时检查数控程序是否正确，便于发现问题并进行再修改、再检验，直到获得正确的数控程序。

计算机软件自动编程代替技术人员完成了烦琐的编程工作，使编程效率提高了几十倍乃至上百倍，解决了手工编程难以胜任的复杂曲面零件程序编写的难题。

6.3 数控机床坐标系

6.3.1 机床坐标轴

数控机床用坐标轴来描述和区分机床的进给运动。通常所说的 X 轴、Y 轴和 Z 轴运动是指沿机床坐标系的 X、Y 和 Z 坐标轴的直线运动，A 轴、B 轴和 C 轴运动是指绕 X、Y 和 Z 轴的旋转运动，此外还有附加坐标轴 U 轴、V 轴和 W 轴运动，是指与 X、Y 和 Z 轴平行的直线运动。如图 6-9 所示为六轴多联动数控铣床，该机床包括 X、Y、Z、A、B 和 C，共 6 个坐标轴。

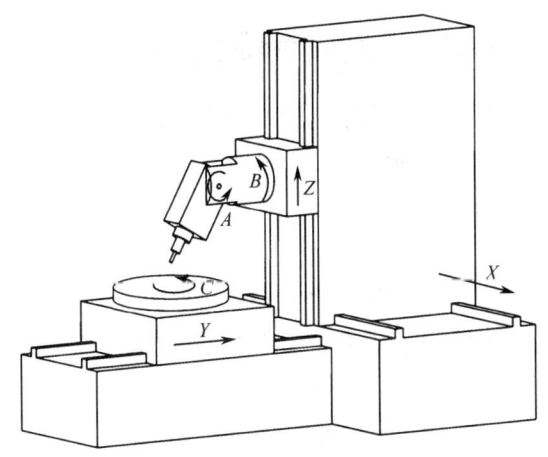

图 6-9 六轴多联动数控铣床

在确定机床坐标轴时，首先要确定 Z 轴，再确定 X 轴和 Y 轴，最后确定其他坐标轴。

（1）Z 轴：与机床主轴轴线平行的坐标轴为 Z 轴，规定刀具远离工件的方向为 Z 轴正方向。

（2）X 轴：一般为水平方向，且与工件装夹面平行。

（3）Y 轴：根据已确定的 Z 轴和 X 轴正方向，按照右手笛卡儿直角坐标系确定 Y 轴，其中大拇指指向+X，中指指向+Z，食指指向则为+Y。

（4）A 轴、B 轴和 C 轴：确定 X 轴、Y 轴和 Z 轴后，根据右手螺旋定则判定 A、B、C 三个旋转轴的正方向。

（5）U 轴、V 轴和 W 轴：分别与基本坐标系的 X 轴、Y 轴和 Z 轴平行的进给轴，其正方向与相应的基本坐标轴相同。

6.3.2 机床坐标系与工件坐标系

1. 机床坐标系

机床坐标系是机床上固有的坐标系，坐标系原点称为机床原点或机床零点，该点是在机床装配和调试后就确定的固定点，是数控机床进行加工运动的基准参考点。数控机床的坐标系原点一般取在卡盘的端面与主轴轴线的交点处。数控铣床的坐标系原点一般取在 X、Y 和 Z 轴正方向的极限位置上。

机床参考点是用于对机床运动进行检测和控制的固定位置点，是机床制造厂家在每个进给轴上用限位开关精确调整好的，其坐标值已输入数控系统中，因此机床参考点对机床原点的坐标是已知的。通常数控机床参考点是离机床原点最远的极限点，而数控铣床的机床原点和机床参考点是重合的。

2. 工件坐标系

工件坐标系是数控程序编写人员在编程时根据零件图样和加工要求建立的坐标系，也称为编程坐标系。为便于程序编写，通常将坐标系的原点（也称为程序原点）设置在工件的设计基准或者工艺基准上。工件坐标系一旦建立便一直有效，直到被新的工件坐标系所取代。

6.4 数控编程指令代码

目前数控程序在输入代码、坐标系统、加工指令、辅助功能及程序格式等方面已经标准化，但不同的数控系统有自己独特的命令集和编程语言，对于同一个 G 代码，不同的数控系统所代表的含义不完全一样。

数控程序由程序字组成，而程序字是由用英文字母代表的地址码和地址码后的数字及符号组成的，如 G01 表示直线切削，M03 表示主轴正转等。一条数控加工指令是由若干个程序字组成的，如 N1 G92 X100 Z10 中的 N1 表示第一条指令，G92 表示设立工件坐标系，X100 Z10 表示对刀点的坐标。数控系统指令字符表见表 6-10。

表 6-10 数控系统指令字符表

功　能	地　址　码	意　义
程序号	%或 O 或 P	程序编号：%1～4294967295
程序段号	N	程序段编号：N0～4294967295
准备功能	G	指令动作方式（直线、圆弧等）：G00～G99
尺寸字	X、Y、Z、A、B、C、U、V、W	坐标轴的移动命令±99999.999
尺寸字	R	圆弧的半径，固定循环的参数
尺寸字	I、J、K	圆心相对于起点的坐标，固定循环的参数
进给功能	F	进给速度：F0～24000
主轴功能	S	主轴旋转速度：S0～9999

续表

功　能	地　址　码	意　义
刀具功能	T	刀具编号：T0~99
辅助功能	M	机床侧开/关控制：M0~99
补偿号	H、D	刀具补偿：00~99
暂停	P、X	暂停时间
子程序号的指定	P	子程序号：P1~4294967295
重复次数	L	子程序固定循环的重复次数
参数	P、Q、R、U、W、I、K、C、A	固定循环的参数
倒角控制	C、R	

尽管在数控机床行业流行的数控编程语言代码大多遵循 ISO 标准，但不同数控系统的代码是不相同的。这是由于不同的数控系统有自己独特的命令集和编程语言，它们的代码格式和使用方法都可能是不同的。

6.5 常用编程指令

6.5.1 准备功能指令

准备功能指令是使机床或控制系统建立加工功能方式的命令，又称为 G 指令。G 指令由地址符 G 加上两位数字组成（G00~G99），通常分为模态指令和非模态指令。模态指令被定义后，一直持续有效，直到出现同组另一指令或被其他指令取消时才失效，而非模态指令只在所属程序段内起作用。

数控加工中主要的准备功能指令如下。

1. 坐标系指令

（1）工件坐标系设定指令 G92

工件坐标系设定指令的作用是将起刀点设定在工件坐标系中的某一空间点上。例如 G92 X80 Y60 Z105，其含义是起刀点在工件坐标系中的坐标值为（80,60,105）。

（2）零点偏置指令 G54~G59

G54~G59 是数控系统预置的 6 个工件坐标系，可根据需要任意选用。工件坐标系原点一般通过对刀操作获得，并输入机床偏置存储器中，然后通过程序进行调用。例如 G54 G00 X10 Y10 Z100，其含义是将刀具移动到工件坐标系中的（10,10,100）位置处。

（3）坐标平面选择指令 G17~G19

坐标平面选择指令用来选择直线、圆弧插补和刀具补偿的平面。G17 表示选择 XY 平面（数控系统开机默认平面）；G18 表示选择 ZX 平面；G19 表示选择 YZ 平面。例如 G17 G03 G90 X5 Y25 R20 F150，其含义是在 XY 平面进行圆弧插补。

2. 快速点定位指令 G00

快速点定位指令 G00 用于控制刀具以点位控制方式快速移动到目标位置，一般用于加工前的快速定位或加工后的快速退刀。使用 G90 时，目标点为工件坐标系中的坐标点；使用 G91 时，为目标点相对于当前点的位移量。例如 G90 G00 X25 Y50，其含义是使刀具在工件坐标系内快速移动到（25,50）坐标点。

3. 直线插补指令 G01

直线插补指令 G01 用于控制刀具以指定的进给速度在空间内做直线运动，常用于直线段的加工。例如 G90 G01 X10 Y10 F100，其含义是在工件坐标系内，刀具以 100mm/min 的速度直线移动到目标坐标点（10,10）。

4. 圆弧插补指令 G02、G03

圆弧插补指令 G02、G03 用于实现圆弧或曲线加工，其中 G02 用于顺时针方向的圆弧加工，G03 用于逆时针方向的圆弧加工。例如 G17 G02 G90 X50 Y25 R40 F50，其含义是在工件坐标系的 *XY* 平面内进行圆弧终点坐标为（50,25）、半径为 40mm 的顺时针圆弧插补操作。

5. 暂停（延迟）指令 G04

暂停（延迟）指令 G04 用于程序停顿或等待操作的时间间隔。指令格式为 G04 X（或 P），X 后面数字的单位是 s，P 后面数字的单位是 ms。例如，若要使程序暂停 5s，则在程序中插入指令代码 G04 X5 或 G04 P5000，则程序将停顿 5s 后再继续执行下一行代码。G04 常用于钻孔、锪平底孔和车削环形槽等的加工中，即当工件加工到指定尺寸后，在主轴仍然旋转的情况下暂停进给，这样可有效提高加工表面的光洁度。此外，在主轴高低速挡切换时，执行 M05（主轴停止指令）后，可使用 G04 指令暂停几秒，使主轴真正停止时再进行换挡，以免损伤主轴伺服系统。

6. 刀具补偿功能指令

（1）刀具半径补偿指令 G40～G42

在加工零件轮廓时，刀具的中心轨迹与零件的轮廓轨迹并不一致。而数控编程通常以零件的轮廓尺寸为依据，因此数控系统提供了刀具半径补偿功能，以获得准确的刀具中心轨迹。

G40 为取消刀具半径补偿指令。

G41 为相对于刀具前进方向左侧进行补偿（称作左刀补）的指令。

G42 为相对于刀具前进方向右侧进行补偿（称作右刀补）的指令。

例如 G01 G41 X0 Y60 D11 F80，其含义是刀具以 80mm/min 速度直线移动到坐标点（0,60），启动左刀补，刀具半径补偿号为 11。

（2）刀具长度补偿指令 G43、G44 和 G49

使用刀具长度补偿指令，在编程时就不用考虑刀具的实际长度。加工时，用 MDI 方式输入刀具长度尺寸，即可进行正确加工。

G43 为刀具长度正补偿指令。

G44 为刀具长度负补偿指令。

G49 为取消刀具长度补偿指令。

例如 G90 G01 G43 Z-5 H01，若在 MDI 方式下 01 补偿号输入的刀具长度为 15mm，执行上述语句，则为刀具在 Z 轴方向移动到-5mm+15mm=10mm 位置处。

6.5.2 进给功能指令

进给功能指令又称为 F 指令，用来指定坐标轴的进给速度。F 指令一般有以下两种表示方法。

1. 代码法

地址码 F 后面加两位数字，该数字为机床进给速度数列的序号。进给速度数列可以是算术级数，也可以是几何级数。

2. 直接指定法

地址码 F 后面直接给出进给速度值，若程序要求指定主轴每转的进给量，则在 F 前增加代码 G95，例如 G95 F0.2，其含义是主轴每转的进给量为 0.2mm；若程序要求指定每分的进给量，则在 F 前增加代码 G94，例如 G94 F200，其含义是每分的进给量为 200mm。

直接指定法表达得更加直观，目前大部分数控机床的 F 指令采用这种表示方法。设定好 F 指令后，如未被重新指定，则表示先前所设定的进给速度仍然有效。如果设定的 F 指令值超过机床进给速度的极限值，则数控系统默认以机床的最高或最低进给速度为实际进给速度。

6.5.3 主轴功能指令

主轴功能指令又称 S 指令，用来指定主轴的转速或线速度，该指令只设定主轴的转速，但并不使主轴旋转，必须增加 M03 或 M04 指令，主轴才可以旋转。S 指令后面的数字代表主轴的恒转速（单位为 r/min）或恒线速度（单位为 m/min）。S 指令通常与 G 指令等联合使用，从而满足不同的功能需要。

1. 主轴最高转速设定

使用 G50 指令设定主轴的最高转速。例如 G50 S1000，其含义是主轴的最高转速为 1000r/min。

2. 主轴恒转速控制

使用 G97 指令可以取消恒线速度控制，这时 S 指定的数值表示主轴每分钟的转速。如 G97 S500，其含义是主轴的转速为 500r/min。

3. 恒线速度控制

使用 G96 指令设定工件上任意点的切削速度为恒定值，一般用于车工件的端面、锥度或圆弧等。恒定的切削线速度能够保证切削表面光洁度的一致性。例如 G96 S200，其含义是控制主轴转速，使切削线速度恒定为 200m/min。

6.5.4 刀具功能指令

刀具功能指令又称 T 指令，用于选择加工所用刀具。在具有刀库和自动换刀装置的数控机床中使用该指令，可根据加工表面需求选择不同的刀具和刀具补偿号。一般加工中心的数控程序使用地址码 T 和数字设置该指令，例如 T0503，其含义是选择 5 号刀具进行加工，同时调用 3 号刀具补偿参数对刀具进行长度或半径补偿。

6.5.5 辅助功能指令

辅助功能指令又称为 M 指令，用于指定主轴的旋转方向、启动、停止、冷却液的开或关、工件或刀具的夹紧或松开等，该指令由地址符 M 和后续的两位数字组成，从 M00～M99 有 100 种。数控编程中常用的 M 指令见表 6-11。

表 6-11 数控编程中常用的 M 指令

指令代码	功能说明	指令代码	功能说明
M00	程序停止（暂停）	M12	主轴松刀
M01	选择停止	M13	主轴正转，切削液开
M02	程序结束	M14	主轴反转，切削液开
M03	主轴正转	M15	主轴停止，切削液关闭
M04	主轴反转	M19	主轴定向停止
M05	主轴停止	M30	程序结束（光标返回起始位置）
M06	自动刀具交换	M68	液压卡盘夹紧
M07	切削液 2 开	M69	液压卡盘松开
M08	切削液 1 开	M78	尾架前进
M09	切削液关	M79	尾架后退
M10	运动部件夹紧	M98	调用子程序
M11	运动部件松开	M99	子程序结束

6.5.6 循环功能指令

在机械加工中，零件的某些特征表面通常需要进行多次的重复加工动作来完成，对于这样的加工表面进行数控编程时，可以采用循环指令来简化程序的编写，提高加工效率，并确保零件加工精度的一致性。

1. 数控切削循环功能指令

数控切削循环功能指令包括单一循环指令（G90、G94 等）和复合循环指令（G70、G71、G72、G73 等）。

（1）外圆切削循环指令 G90

G90 指令用于实现外圆切削循环和锥面切削循环，指令格式如下：

G90 X(U)_Z(W)_R_F_;

其中，X、Z为切削终点坐标值；U、W为切削终点相对于循环起点的增量坐标值；R为切削始点与切削终点在X轴方向的坐标增量（半径值），外圆切削循环时R为零，可省略；F为进给速度。

【例6-3】如图6-10所示，在直径φ50mm、长度为75mm的圆柱滚子一端切削出直径为φ28mm的外圆表面，运用外圆切削循环指令编程。

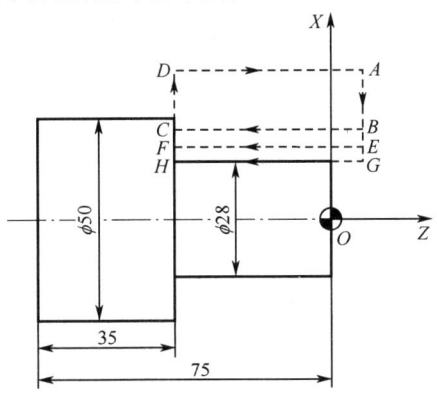

图6-10 外圆切削循环（单位：mm）

解 刀具从循环起点A开始按程序编写的走刀路线进行切削，程序如下：

G90 X42 Z-40 F50;   切削循环：A-B-C-D-A
X35;   切削循环：A-E-F-D-A
X28;   切削循环：A-G-H-D-A

【例6-4】如图6-11所示，在直径φ50mm、长度为75mm的圆柱滚子一端切削出图示圆锥表面，运用外圆切削循环指令编程。

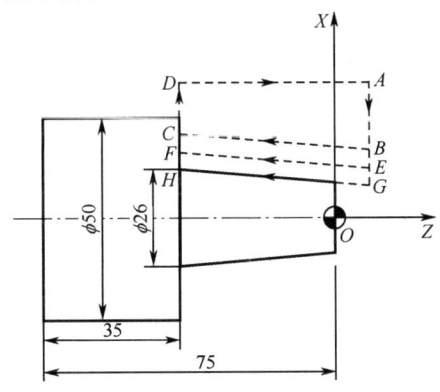

图6-11 圆锥面切削循环（单位：mm）

解 刀具从循环起点A开始按程序编写的走刀路线进行切削，程序如下：

G90 X42 Z-40 R-4 F50;   切削循环：A-B-C-D-A
X34;   切削循环：A-E-F-D-A
X26;   切削循环：A-G-H-D-A

（2）端面切削循环指令G94

G94指令用于实现端面切削循环和带锥度的端面切削循环，指令格式如下：

G94 X(U)_ Z(W)_ R_ F_ ;

其中，X、Z 为端面切削终点坐标值；U、W 为端面切削终点相对于循环起点的增量坐标值；R 为端面切削始点至切削终点在 Z 轴方向的坐标增量，端面切削循环时 R 为零，可省略；F 为进给速度。

【例 6-5】如图 6-12 所示，在直径 ϕ50mm、长度为 75mm 的圆柱滚子一端切削出直径为 ϕ28mm 的外圆表面，运用端面切削循环指令编程。

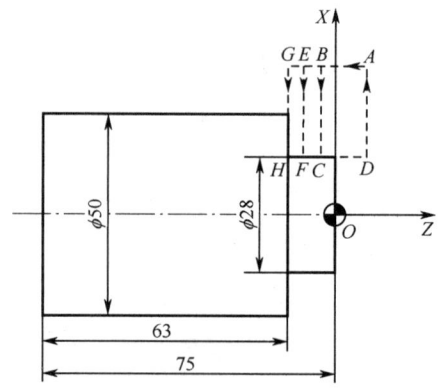

图 6-12 端面切削循环（单位：mm）

解　刀具从循环起点 A 开始按程序编写的走刀路线进行切削，程序如下：

G94 X28 Z-4 F50;	切削循环：A-B-C-D-A
Z-8;	切削循环：A-E-F-D-A
Z-12;	切削循环：A-G-H-D-A

【例 6-6】如图 6-13 所示，在直径 ϕ50mm、长度为 75mm 的圆柱滚子一端切削出图示圆锥端面，运用端面切削循环指令编程。

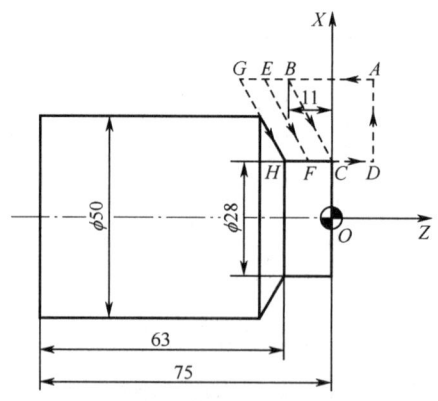

图 6-13 圆锥端面切削循环（单位：mm）

解　刀具从循环起点 A 开始按程序编写的走刀路线进行切削，程序如下：

G94 X28 Z0 R-11 F50;	切削循环：A-B-C-D-A
Z-6;	切削循环：A-E-F-D-A
Z-12;	切削循环：A-G-H-D-A

（3）精车循环指令 G70

利用 G71、G72 和 G73 等循环指令完成粗车循环后，采用 G70 指令进行精车循环。精车时的加工量是粗车循环时留下的精车余量，加工轨迹为工件的轮廓线，指令格式如下：

G70 P(ns) Q(nf);

其中，P(ns)为精加工路线的第一个程序段段号；Q(nf)为精加工路线的最后一个程序段段号。

（4）外圆粗加工复合循环指令 G71

G71 指令适用于圆柱毛坯料粗车外径和圆筒毛坯料粗车内径，指令格式如下：

G71 U(Δd) R(e);
G71 P(ns) Q(nf) U(Δu) W(Δw) F_S_T_;

其中，U(Δd)为每次的切削深度（半径值），不带符号；R(e)为退刀量（半径值），不带符号；P(ns)为精加工路线的第一个程序段段号；Q(nf)为精加工路线的最后一个程序段段号；U(Δu)表示 X 轴方向上的精加工余量（直径值），当应用于工件内径轮廓时，径向精车余量 Δu 应指定为负值；W(Δw)为 Z 轴方向上的精加工余量；F、S、T 分别表示切削速度、主轴转速和刀具号，这些参数在粗加工过程中有效。

【例 6-7】如图 6-14 所示，在直径 ϕ20mm、长度为 30mm 的圆柱滚子一端车削出图示结构，运用 G70、G71 指令编写数控程序。

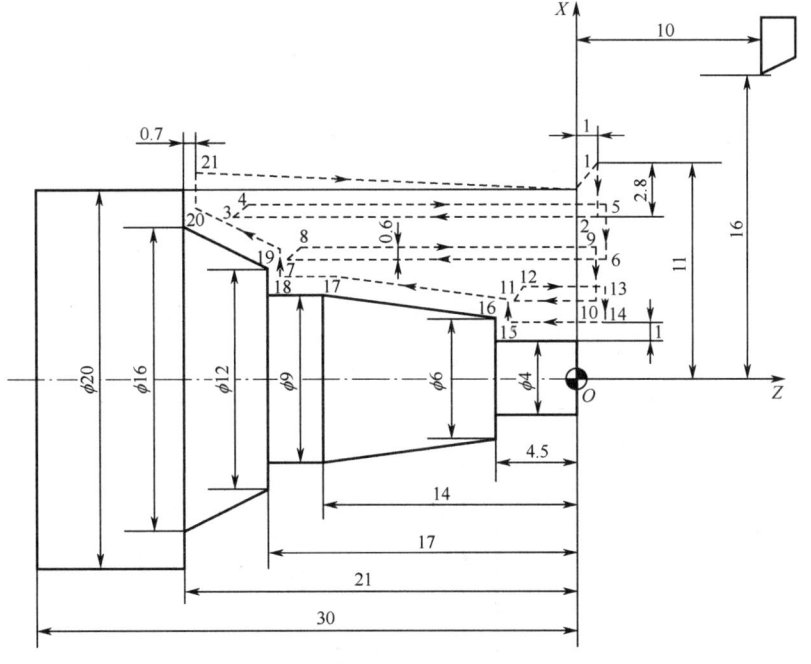

例 6-7 视频

图 6-14 外圆粗加工复合循环（单位：mm）

解 刀具从循环起点 1 开始按程序编写的走刀路线进行粗车削，车削路径为 1→2→3→…→20→21。完成粗车削后，进行一次精车削。程序如下：

O6007;	程序号
N10 G50 X32 Z10;	设定工件坐标系原点
N20 G00 X22 Z1 M03 S800;	刀具移动到循环起点 1，启动主轴

N30 G71 U2.8 R0.6;	粗车循环参数设定
N40 G71 P50 Q120 U2 W0.7 F0.3 S500;	执行粗加工循环程序段，留精加工余量等
N50 G00 X4 S800;	定位到精加工起点
N60 G01 Z-4.5 F0.15;	加工φ4mm 的外圆表面
N70 X6;	加工φ6mm 端面
N80 X9 W-9.5;	加工φ9mm 圆锥表面
N90 W-3;	加工φ9mm 的外圆表面
N100 X12;	加工φ12mm 端面
N110 X16 W-4;	加工φ16mm 圆锥表面
N120 X22;	加工φ20mm 端面
N130 G70 P50 Q120;	执行精加工循环程序段
N140 G00 X32 Z10;	回换刀点
N150 M05;	主轴停止
N160 M30;	程序结束

（5）端面粗加工复合循环指令 G72

G72 指令一般用于加工端面尺寸较大的零件，即所谓的盘类零件，在车削循环过程中，刀具沿 Z 方向进刀，平行于 X 轴车削。

指令格式如下：

G72 W(d)R(e);
G72 P(ns) Q(nf) U(u)W(w) F_S_T_;

其中，W(d)、R(e)分别表示 Z 轴上每次的切削深度和退刀量，其余各地址的含义和 G71 指令相同。

【例 6-8】如图 6-15 所示，在直径φ50mm、长度为 55mm 的圆柱滚子一端车削出图示结构，运用 G70、G72 指令编写数控程序。

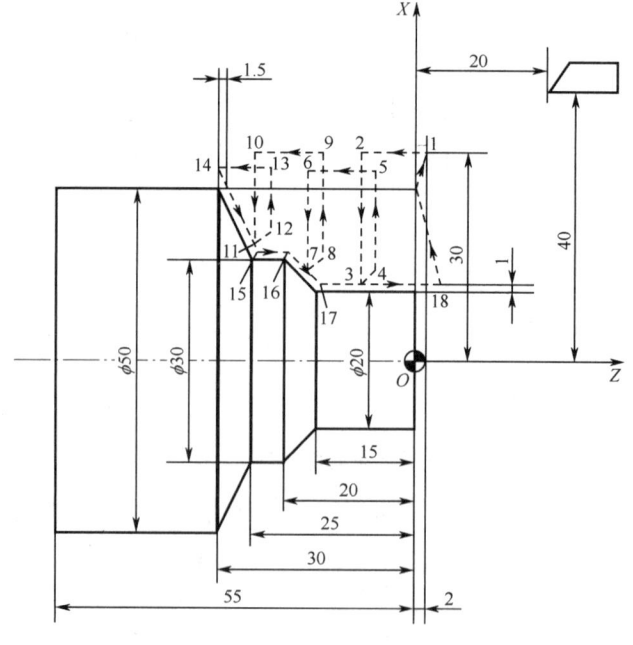

例 6-8 视频

图 6-15 端面粗加工复合循环（单位：mm）

解 刀具从循环起点 1 开始按程序编写的走刀路线进行切削，切削路径为 1→2→3→…→17→18。完成粗车削后，进行一次精车削。程序如下：

O6008;	程序号
N10 G50 X80 Z20;	设定工件坐标系原点
N20 G00 X60 Z2 M03 S800;	刀具移动到循环起点1，启动主轴
N30 G72 W10 R1;	粗车循环参数设定
N40 G72 P50 Q90 U2 W1.5 F0.3 S500;	执行粗加工循环程序段，留精加工余量等
N50 G00 Z-32.5 S800;	定位到精加工起点
N60 G01 X30 Z-25 F0.15;	加工ϕ50mm 圆锥表面
N70 Z-20;	加工ϕ30mm 外圆表面
N80 X20.0 Z-15;	加工ϕ30mm 圆锥表面
N90 Z2;	加工ϕ20mm 外圆表面
N100 G70 P50 Q90;	执行精加工循环程序段
N110 G00 X80 Z20;	回换刀点
N120 M05;	主轴停止
N130 M30;	程序结束

（6）固定形状切削复合循环指令 G73

指令 G73 适合于切削铸造、锻造或已粗车成型的工件。当毛坯轮廓形状与零件轮廓形状基本接近时，用该指令比较方便。指令格式如下：

G73 U(Δi) W(Δk) R(d);
G73 P(ns) Q(nf) U(u) W(w) F_S_T_;

其中，U(Δi)表示 X 轴方向的总退刀量（半径值）；W(Δk)表示 Z 轴方向的总退刀量；R(d)表示循环次数；其余参数的含义与 G71 指令的相同。

【例 6-9】如图 6-16 所示，在直径ϕ50mm、长度为 55mm 的圆柱滚子一端车削出图示结构，运用 G70、G73 指令编写数控程序。

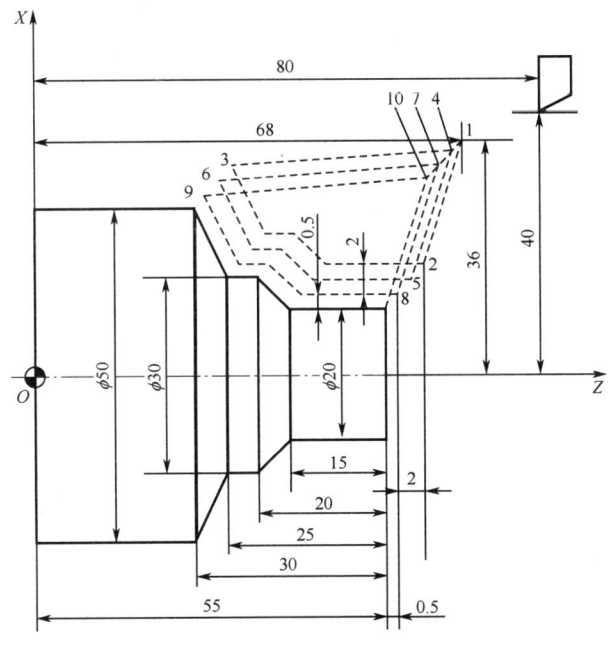

图 6-16　固定形状切削复合循环（单位：mm）

例 6-9 视频

解 刀具从循环起点 1 开始按程序编写的走刀路线进行切削,切削路径为 1→2→…→9→10。完成粗车削后,进行一次精车削。程序如下:

O6009;	程序号
N10 G50 X80 Z80;	设定工件坐标系原点
N20 G00 X72 Z68 M03 S800;	刀具移动到循环起点 1,启动主轴
N30 G73 U2 W2 R3;	粗车循环参数设定
N40 G71 P50 Q90 U1 W0.5 F0.3 S500;	执行粗加工循环程序段,留精加工余量等
N50 G00 X20 Z55;	定位到精加工起点
N60 G01 W-15 F0.15 S800;	加工ϕ20mm 外圆表面
N70 X30 W-5;	加工ϕ30mm 圆锥表面
N80 W-5;	加工ϕ30mm 外圆表面
N90 X50 W-5;	加工ϕ50mm 圆锥表面
N100 G70 P50 Q90;	执行精加工循环程序段
N110 G00 X80 Z80;	回换刀点
N120 M05;	主轴停止
N130 M30;	程序结束

2. 数控铣削循环功能指令

当需要在零件表面铣削相同形状特征或钻削孔系时,需要使用到子程序、循环等指令来完成加工。这样可以提高代码的复用性,减少重新编写代码的工作量。

(1)子程序指令 M98、M99

M98 指令用于调用子程序,可以让程序跳转到指定的子程序的开始处,而 M99 指令则用来结束当前的子程序,并让子程序回到主程序。M98 指令格式为:

M98 P_L_;

其中,P 为需要调用的子程序号,L 为重复调用的次数。一般主程序用绝对坐标指令 G90 编程,而子程序可以用绝对坐标指令 G90 也可以用相对坐标指令 G91 编程。

主程序调用子程序的指令格式如下:

%1000;	(主程序)
N10 G90 G54 G00 X0 Y0 S800 M03;	
N20 M98 P2000 L2;	(调用子程序%2000)
N30...	
N40 M05	
N50 M30;	(主程序结束)
%2000;	(子程序)
N60 G91 Z50 F100;	
N70 ...	
N80 M99;	(子程序返回)

【例 6-10】在长度为 70mm、宽度为 40mm 的平板上铣削图 6-17 所示图形,铣削深度为 5mm,运用 M98、M99 指令编写数控程序。

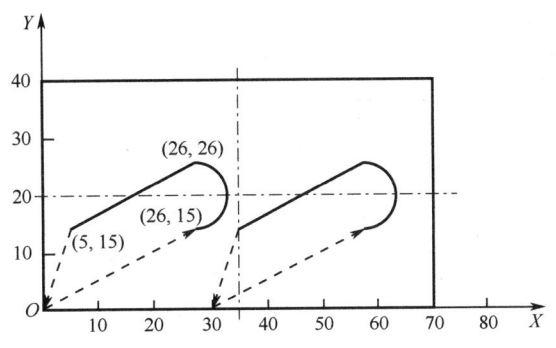

图 6-17 子程序调用加工循环（单位：mm）

解 程序如下：

%6010;	主程序号
N10 G90 G54 G00 X0 Y0 S600 M03;	快速移动到绝对坐标系零点上方，启动主轴
N20 Z100.0;	定位到绝对坐标系（0,0,100）坐标点
N30 M98 P6011 L1;	调用子程序加工左侧图形
N40 G90 G00 X30.0;	定位到绝对坐标系（30,0,100）坐标点
N50 M98 P6011 L1;	调用子程序加工右侧图形
N60 G90 G00 X0 Y0	快速移动到绝对坐标系（0,0,100）坐标点
N70 M05;	主轴停止
N80 M30;	主程序结束
%6011;	子程序号
N90 G91 Z-95;	设定增量坐标系方式，刀具下移 95mm
N100 G41 X26 Y15 D01;	设置刀补，定位到加工起始点上方
N110 G01 Z-10 F100;	刀具下移 10mm
N120 G03 X0 Y11 R5.5;	加工圆弧
N130 G01 X-21 Y-11;	加工斜线
N140 G00 Z105;	向上抬刀 105mm
N150 G40 X-5 Y-15;	刀具移动到起始点
N160 M99;	子程序返回

（2）铣床钻孔固定循环指令 G73、G74、G76、G80~G89

铣床钻孔固定循环加工共有 13 个功能指令，见表 6-12。各指令刀具执行动作不完全相同，适用场合也不同，可用于浅孔、深孔、攻螺纹和镗孔等孔加工循环。

表 6-12 铣床钻孔固定循环指令表

G 指 令	钻孔（-Z 轴方向）	孔底动作	回退（+Z 轴方向）	用 途
G73	间歇切削进给	暂停	快速回退	高速深孔加工循环
G74	切削进给	暂停→主轴正转	切削回退	反向攻螺纹循环
G76	切削进给	主轴定向	快速回退	精镗循环
G81	切削进给	—	快速回退	钻孔循环（中心钻）
G82	切削进给	暂停	快速回退	带停顿的钻孔循环
G83	切削进给	暂停	快速回退	深孔加工循环
G84	切削进给	暂停→主轴反转	切削回退	攻螺纹循环

续表

G 指 令	钻孔（-Z轴方向）	孔底动作	回退（+Z轴方向）	用 途
G85	切削进给	—	切削回退	镗孔循环
G86	切削进给	暂停→主轴停止	快速回退	镗孔循环
G87	切削进给	主轴正转	快速回退	反镗循环
G88	切削进给	暂停→主轴停止	手动	镗孔循环
G89	切削进给	暂停	切削回退	镗孔循环
G80	—	—	—	钻孔固定循环取消

如图 6-18 所示，一般来说，钻孔循环有 6 个基本动作。

动作 1：X、Y 轴定位。

动作 2：快速移动到（参考）平面。

动作 3：执行钻孔动作。

动作 4：在孔底平面动作。

动作 5：退刀到（参考）平面。

动作 6：快速回退到初始平面。

执行程序时，刀具快速移动到孔上方的初始定位点 B，再快速移动到参考点 R，然后开始按照指定的进给速度执行钻孔动作，钻到孔底后暂停，再快速退刀返回到参考点或初始定位点。

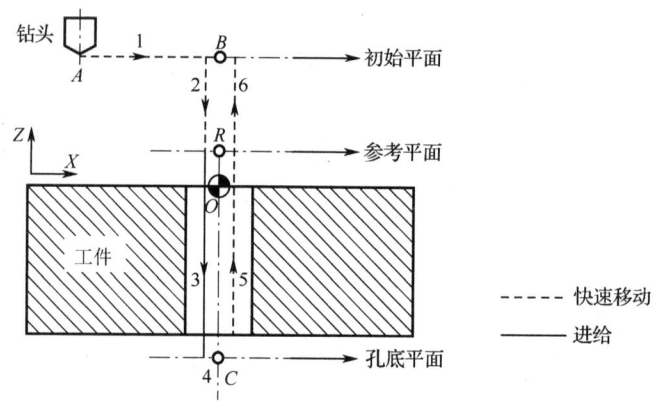

图 6-18　钻孔循环动作顺序

G81 指令是钻孔循环指令，用于正常钻孔。切削进给执行到孔底，然后刀具从孔底快速移动退回。指令格式如下：

```
G81 X_ Y_ Z_ R_ F_ L_;
G80;
```

其中，X、Y 为孔中心在 XY 平面内的坐标位置；Z 为孔底平面坐标；R 为参考平面坐标；F 为钻孔进给速度；L 为钻孔循环次数。

【例 6-11】如图 6-19 所示，在长度为 40mm、宽度为 20mm、厚度为 12mm 的平板上钻削 2×ϕ6mm 的通孔，运用 G81 指令编写数控程序。

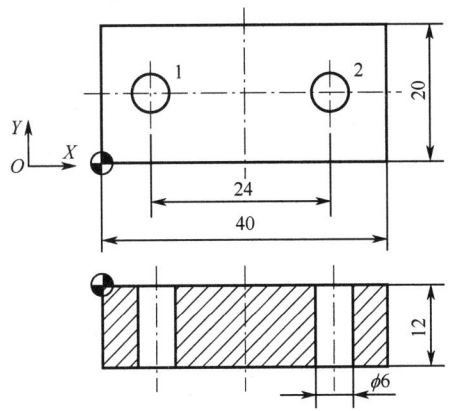

图 6-19 钻孔加工循环（单位：mm）

解 程序如下：

%6012;	程序号
N10 G54 G90 S1000 M03;	启动主轴
N20 G00 X0 Y0 Z50;	定位到（0,0,50）坐标点
N30 G99 G81 X8 Y10 Z-14 R2 F100;	定位，钻孔1，返回参考点
N40 X32;	定位，钻孔2
N50 G80;	结束循环
N60 G00 X0 Y0 Z50;	返回初始点
N70 M5;	主轴停止
N80 M30;	程序结束

6.6 典型零件数控加工

6.6.1 轴类零件车削加工

【例 6-12】如图 6-20 所示为一连接轴零件图，材料为 45 号钢，其毛坯为长 130mm、直径 ϕ46mm 的圆棒料，编写该零件的数控程序。

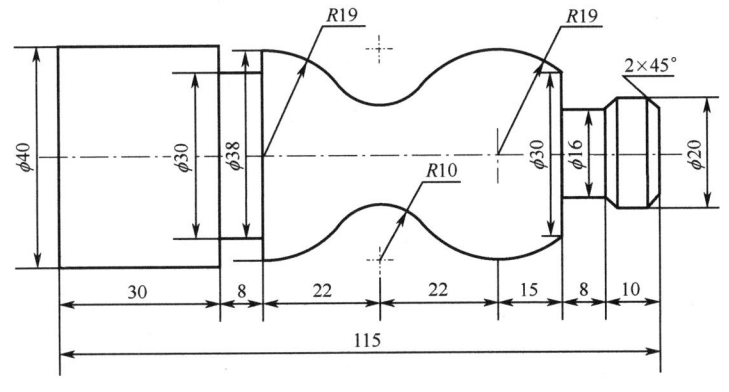

图 6-20 连接轴一零件图（单位：mm）

解 程序如下:

O6013;	程序名
N10 T0101;	换 1 号刀,调用 01 号刀补
N20 S400 M03;	主轴正转,转速 400r/min
N30 G00 X46 Z2;	快速定位至粗车循环起点
N40 G71 U1.5 R1;	粗车循环:单边切深 1.5mm,退刀 1mm
N50 G71 P60 Q110 U0.5 W0.2 F0.3;	精车余量 X0.5、Z0.2,进给速度 0.3mm/r
N60 G00 X19.8;	精车轮廓起点,X 轴定位至 19.8mm
N70 G01 Z-18 F0.05;	车削外圆至 Z-18,进给速度 0.05mm/r
N80 X38.5;	车削直径 ϕ38.5mm 外圆
N90 Z-85;	车削外圆至 Z-85
N100 X40;	车削直径 ϕ40mm 外圆
N110 Z-120;	车削外圆至 Z-120
N120 G70 P60 Q110 S1000 F0.05;	精车循环
N130 G00 X50 Z60;	退至安全位置
N140 T0202;	换 2 号切槽刀,调用 02 号刀补
N150 S200 M03;	主轴正转,转速 200r/min
N160 G00 X40 Z-14;	快速定位槽
N170 G01 X16 F0.03;	切槽至 X16,进给速度 0.03mm/r
N180 G04 P1000;	暂停 1s
N190 G00 X40 Z-18;	快速定位槽
N200 G01 X16 F0.03;	切槽至 X16,进给速度 0.03mm/r
N210 G04 P1000;	暂停 1s
N220 G00 X40 Z-11;	快速定位槽
N230 G01 X16 F0.03;	切槽至 X16,进给速度 0.03mm/r
N240 G04 P1000;	暂停 1s
N250 G00 X80 Z-11;	退刀并定位至 Z-11
N260 G00 X40 Z-81;	快速定位槽
N270 G01 X30 F0.03;	切槽至 X30,进给速度 0.03mm/r
N280 G04 P1000;	暂停 1s
N290 G00 X80 Z-85;	快速定位槽
N300 G01 X30 F0.03;	切槽至 X30,进给速度 0.03mm/r
N310 G04 P1000;	暂停 1s
N320 G00 X100;	退至安全位置
N330 T0303;	换 3 号螺纹刀,调用 03 号刀补
N340 S500 M03;	主轴正转,转速 500r/min
N350 G00 X60 Z-17;	定位至仿形循环起点
N360 G73 U9.5 W0 R10;	仿形粗车:X 轴总余量 9.5mm,分 10 次切削
N370 G73 P380 Q440 U0.5 F0.2;	轮廓段 N380~N440,精车余量 0.5mm
N380 G00 X30;	仿形轮廓起点
N390 G01 Z-18;	直线车削至 Z-18
N400 X36.016 Z-26.942;	斜线车削至指定坐标
N410 G03 X24.758 Z-47.414 R19;	逆圆弧插补,半径 19mm
N420 G02 Z-62.586 R10;	顺圆弧插补,半径 10mm
N430 G03 X38 Z77 R19;	逆圆弧插补,半径 19mm
N440 G01 Z-78;	直线车削至 Z-78
N450 G70 P380 Q440 S1000 F0.05;	仿形精车,转速 1000r/min

N460 G00 X50 Z60;	退至安全位置
N470 T0202;	换回 2 号刀准备切断
N480 S200 M03;	主轴 200r/min
N490 G00 X42 Z-119;	定位至切断位置
N500 G01 X0 F0.03;	切断工件至 X0
N510 G00 X50;	X 轴退刀
N520 Z0;	Z 轴返回原点
N530 M05;	主轴停止
N540 M30;	程序结束并复位

【例 6-13】如图 6-21 所示为一连接轴零件图，材料为 45 号钢，其毛坯为长 90mm、直径 φ45mm 的圆棒料，编写该零件的数控程序。

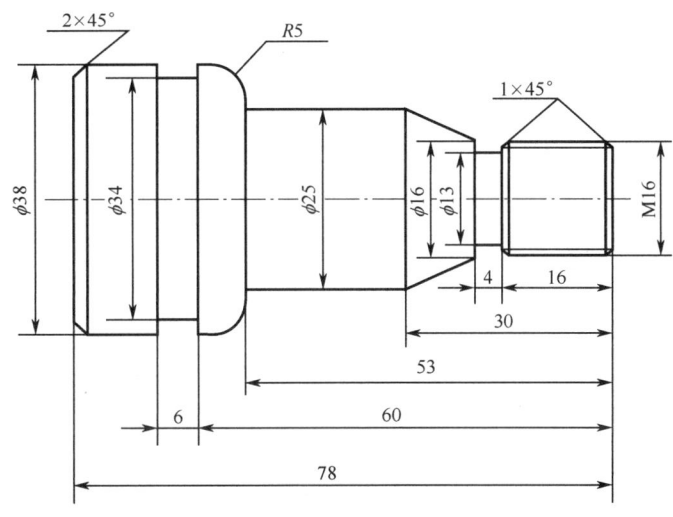

例 6-13 视频

图 6-21 连接轴二零件图（单位：mm）

解 程序如下：

O6014;	程序名
N10 T0101;	换 1 号刀具（外圆车刀），调用 01 号刀补
N20 S400 M03;	主轴正转，转速 400r/min
N30 G00 X46 Z2;	快速定位至粗车循环起点
N40 G71 U1.5 R1;	外圆粗车循环：单边切深 1.5mm，退刀量 1mm
N50 G71 P60 Q150 U0.5 W0.2 F0.3;	精车余量 X0.5、Z0.2，进给速度 0.3mm/r
N60 G00 X14;	精车轮廓起点
N70 G01 Z0;	直线插补至 Z0
N80 X16 Z-1;	车削 1×45°倒角
N90 Z-20;	车削直径 φ16 外圆至 Z-20
N100 X25 Z-30;	锥面车削
N110 Z-33;	车削直径 φ25 外圆至 Z-33
N120 G01 Z-53;	车削直径 φ25 外圆至 Z-53
N130 X28;	台阶车削至 X28
N140 G03 X38 Z-58 R5;	逆圆弧插补（半径 5mm，车削凸圆弧）
N150 G01 Z-83;	车削直径 φ38mm 外圆至 Z-83（粗车轮廓结束）
N160 G70 P60 Q150 S1100 F0.05;	精车循环，转速 1100r/min，进给 0.05mm/r

N170 G00 X50 Z60;	退刀至安全位置
N180 T0202;	换 2 号刀具（切槽刀），调用 02 号刀补
N190 S200 M03;	主轴正转，转速 200r/min
N200 M08;	开启冷却液
N210 G00 X18 Z-20;	快速定位至 ϕ16mm 外圆槽位置
N220 G01 X13 F0.03;	切槽至 X13，进给 0.03mm/r
N230 G04 P1000;	暂停 1s
N240 G00 X40;	X 轴快速退刀至 X40
N250 Z-64;	Z 轴定位至 Z-64（新槽位置）
N260 G01 X34 F0.03;	切槽至 X34
N270 G04 P1000;	暂停 1s
N280 G00 X38;	X 轴快速退刀至 X38
N290 Z-63;	Z 轴定位至 Z-63（新槽位置）
N300 G01 X34 Z-64 F0.1;	切槽至 X34，Z 轴定位至 Z-64，进给 0.1mm/r
N310 G00 X38;	X 轴快速退刀至 X38
N320 Z-65;	Z 轴定位至 Z-65（新槽位置）
N330 G01 X34 Z-64 F0.1;	切槽至 X34，Z 轴定位至 Z-64，进给 0.1mm/r
N340 G00 X40;	X 轴快速退刀至 X40
N350 Z-82;	Z 轴定位至 Z-82
N360 G01 X33 F0.03;	切槽至 X33
N370 G00 X40;	X 轴快速退刀至 X40
N380 Z-79;	Z 轴定位至 Z-79
N390 G01 X34 Z-82 F0.1;	斜线退刀（倒角加工）
N400 G00 X50;	X 轴退刀至安全位置
N410 Z60;	Z 轴返回换刀点
N420 T0303;	换 3 号刀具（螺纹刀），调用 03 号刀补
N430 S450 M03;	主轴正转，转速 450r/min
N440 G00 X18 Z-18;	快速定位至螺纹加工起点
N450 G92 X15.2 Z3 F2;	螺纹切削循环（螺距 2mm），第一次切深至 X15.2
N460 X14.6;	第二次切削至 X14.6
N470 X14.1;	第三次切削至 X14.1
N480 X13.7;	第四次切削至 X13.7
N490 X13.4;	第五次切削至 X13.4
N500 G00 X50;	X 轴退刀
N510 Z60;	Z 轴返回换刀点
N520 T0202;	换回 2 号刀具（切断刀）
N530 S200 M03;	主轴正转，转速 200r/min
N540 G00 X38 Z-82;	定位至切断位置
N550 G01 X0 F0.03;	切断工件至 X0（进给 0.03mm/r）
N560 M09;	关闭冷却液
N570 G00 X50;	X 轴退刀
N580 Z0;	Z 轴返回程序原点
N590 M05;	主轴停止
N600 M30;	程序结束并复位

6.6.2 型腔类零件铣削加工

【例6-14】如图6-22所示为一型腔类零件图,其毛坯为90mm×90mm×32mm的铝合金板,编写该零件的数控程序。

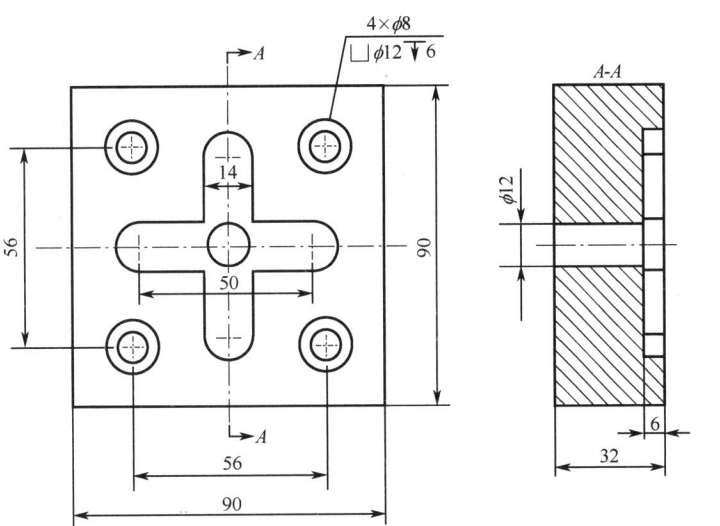

图6-22 型腔一零件图(单位:mm)

解 程序如下:

%6015;	程序号
N10 G00 G40 G80 G90;	程序初始化
N20 G28 G91 Z0;	回到换刀点
N30 T01 M06;	换01号刀
N40 G00 G90 G54 X28 Y28 M03 S1000;	快速定位,主轴正转,转速1000r/min
N50 G43 H1 Z50;	启用刀具长度补偿H1,Z轴快速定位至50mm
N60 G00 Z10;	Z轴快速定位至10mm
N70 G1 Z-6 F100;	刀具下刀至-6mm,进给速度100mm/min
N80 G3 I-1.75 J0;	逆时针圆弧切削
N90 G00 Z10;	Z轴快速定位至10mm
N100 G01 X28 Y-28;	直线移动至第二个孔
N110 Z-6 F100;	刀具下刀至-6mm,进给速度100mm/min
N120 G3 I-1.75 J0;	逆时针圆弧切削
N130 G00 Z10;	Z轴快速定位至10mm
N140 G1 X-28 Y-28;	直线移动至第三个孔
N150 Z-6 F100;	刀具下刀至-6mm,进给速度100mm/min
N160 G3 I-1.75 J0;	逆时针圆弧切削
N170 G00 Z10;	Z轴快速定位至10mm
N180 G1 X-28 Y28;	直线移动至第四个孔
N190 Z-6 F100;	刀具下刀至-6mm,进给速度100mm/min
N200 G3 I-1.75 J0;	逆时针圆弧切削
N210 G00 Z10;	Z轴快速定位至10mm
N220 G28 G91 Z0;	回到换刀点

N230 M05;	主轴停转
N240 T02 M06;	换 02 号刀
N250 G00 G90 G54 X0 Y0 M03 S800;	快速定位,主轴正转,转速 800r/min
N260 G43 H2 Z10;	启用刀具长度补偿 H02,快速定位至 10mm
N270 G83 Z-32 R5 Q8 F50;	钻孔固定循环
N280 X-28 Y-28;	定孔位置
N290 X28;	定孔位置
N300 Y28;	定孔位置
N310 X-28;	定孔位置
N320 G00 G80 Z100;	取消钻孔固定循环
N330 G28 G91 Z0;	回到换刀点
N340 M05;	主轴停转
N350 T03 M06;	换 03 号刀
N360 G00 G90 G54 X0 Y0 S1000 M03;	快速定位,主轴正转,转速 1000r/min
N370 G43 H3 Z10;	启用刀具长度补偿 H03,Z 轴快速定位至 10mm
N380 G1 Z-6 F100;	刀具下降至-6mm,进给速度 100mm/min
N390 G41 D3 Y-7 F50;	直线切削,左刀补调用 03 号半径补偿
N400 G1 X25;	直线切削
N410 G03 X25 Y7 R7;	逆时针圆弧切削
N420 G1 X7;	直线切削
N430 Y25;	直线切削
N440 G03 X-7 R7;	逆时针圆弧切削
N450 G01 Y7;	直线切削
N460 X-25;	直线切削
N470 G03 Y-7 R7;	逆时针圆弧切削
N480 G01 X-7;	直线切削
N490 Y-25;	直线切削
N500 G03 X7 R7;	逆时针圆弧切削
N510 G01 Y3;	直线切削
N520 G40 Z5 F500;	取消刀补,提刀至 5mm,进给速度 500mm/min
N530 G91 G28 Z0;	回到换刀点
N540 M05;	主轴停转
N550 T04 M06;	换 04 号刀
N560 G00 G90 G54 X0 Y0 M03 S800;	快速定位,主轴正转,转速 800r/min
N570 Z10;	Z 轴快速定位至 10mm
N580 G76 Z-32 R6 F30;	镗孔固定循环
N590 G0 G80 Z100;	取消镗孔固定循环
N600 G28 G91 Z0;	回到换刀点
N610 M05;	主轴停转
N620 M30;	程序结束并返回程序开头

【例 6-15】 如图 6-23 所示为一型腔零件图,其毛坯为 100mm×100mm×40mm 的铝合金板,编写该零件的数控加工程序。

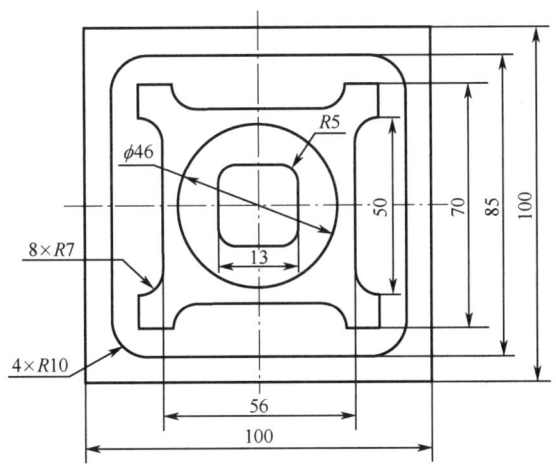
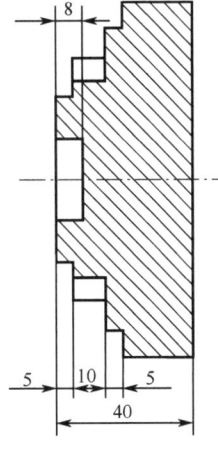

图 6-23 型腔二零件图（单位：mm）

例 6-15 视频

解 程序如下：

%6016;	程序号
N10 G54 G90 G80 G40 G00;	程序初始化
N20 G28 G91 Z0;	回到换刀点
N30 T01 M06;	换 01 号刀具
N40 G00 X55 Y0 M03 S1000;	快速定位，主轴正转，转速 1000r/min
N50 G43 H01 Z10;	启用刀具长度补偿 H01，刀具移动到 Z=10mm
N60 Z-20 F80;	进给至 Z=-20mm，进给速度 80mm/min
N70 G41 D01 F100;	左刀补 D01，进给速度 100mm/min
N80 G00 X42.5 Y32.5;	刀具快速定位到 X42.5, Y32.5
N90 G01 Y-32.5;	直线切削
N100 G02 X32.5 Y-42.5 R10;	顺时针圆弧切削
N110 G01 X-32.5;	直线切削
N120 G02 X-42.5 Y-32.5 R10;	顺时针圆弧切削
N130 G01 Y32.5;	直线切削
N140 G02 X-32.5 Y42.5 R10;	顺时针圆弧切削
N150 G01 X32.5;	直线切削
N160 G02 X42.5 Y32.5 R10;	顺时针圆弧切削
N170 G01 X55 Y0;	刀具沿移动到 X=55mm，Y=0
N180 G00 Z10;	Z 轴快速定位至 10mm
N190 G01 X28 Y18;	刀具移动到 X=28mm，Y=18mm
N200 G01 Z-15 F80;	刀具下降到 Z=-15mm
N210 Y-18;	直线切削
N220 G03 X35 Y-25 R7;	逆时针圆弧切削
N230 G01 Y-35;	直线切削
N240 X25;	直线切削
N250 G03 X18 Y-28 R7;	逆时针圆弧切削
N260 G01 X-18;	直线切削
N270 G03 X-25 Y-35 R7;	逆时针圆弧切削
N280 G01 X-35;	直线切削
N290 Y-25;	直线切削
N300 G03 X-28 Y-18 R7;	逆时针圆弧切削

N310 G01 Y18;	直线切削
N320 G03 X-35 Y25 R7;	逆时针圆弧切削
N330 G01 Y35;	直线切削
N340 X-25;	直线切削
N350 G03 X-18 Y28 R7;	逆时针圆弧切削
N360 G01 X18;	直线切削
N370 G03 X25 Y35 R7;	逆时针圆弧切削
N380 G01 X35;	直线切削
N390 Y25;	直线切削
N400 G03 X28 Y18 R7;	逆时针圆弧切削
N410 G40 G01 X40 Y0;	取消刀补，刀具移动到 X=40mm，Y=0
N420 G91 G28 Z0;	回到换刀点
N430 M05;	主轴停转
N440 M06 T2;	换 2 号刀具
N450 G00 G54 G90 X40 Y0 M3 S1000;	快速定位，主轴正转，主轴转速 1000r/min
N460 G43 H02 Z10;	启用刀具长度补偿 H02，刀具移动到 Z=10mm
N470 G41 G01 Z-5 D02 F100;	刀具下降到 Z=-5mm，左刀补调用 2 号半径补偿
N480 G01 X23 Y0;	直线切削
N490 G02 X23 I-23;	顺时针圆弧切削一周
N500 G40 G01 X40 Y0;	取消刀补，刀具移动到 X=40mm，Y=0
N510 G91 G28 Z0;	回到换刀点
N520 M05;	主轴停转
N530 M06 T3;	换 3 号刀具
N540 G90 G54 G00 X0 Y0 M03 S1000;	快速定位，主轴正转，主轴转速 1000r/min
N550 G43 Z10 H03;	启用刀具长度补偿 H03，刀具移动到 Z=10mm
N560 G42 G1 Z-8 D03 F80;	刀具下降到 Z=-8mm，右刀补调用 3 号半径补偿
N570 G01 X11.5 Y6.5;	直线切削
N580 Y-6.5;	直线切削
N590 G02 X6.5 Y-11.5 R5;	顺时针圆弧切削
N600 G01 X-6.5;	直线切削
N610 G02 X-11.5 Y-6.5 R5;	顺时针圆弧切削
N620 G01 Y6.5;	直线切削
N630 G02 X-6.5 Y11.5 R5;	顺时针圆弧切削
N640 G01 X6.5;	直线切削
N650 G02 X11.5 Y6.5 R5;	顺时针圆弧切削
N660 G40 G01 X0 Y0;	取消刀补，刀具移动到 X=0，Y=0
N670 G00 Z10;	Z 轴快速定位至 10mm
N680 G28 G91 Z0;	回到换刀点
N690 M05;	主轴停转
N700 M30;	程序结束并返回程序开头

6.6.3 数控编程练习图样

（1）二维平面图（见图 6-24）

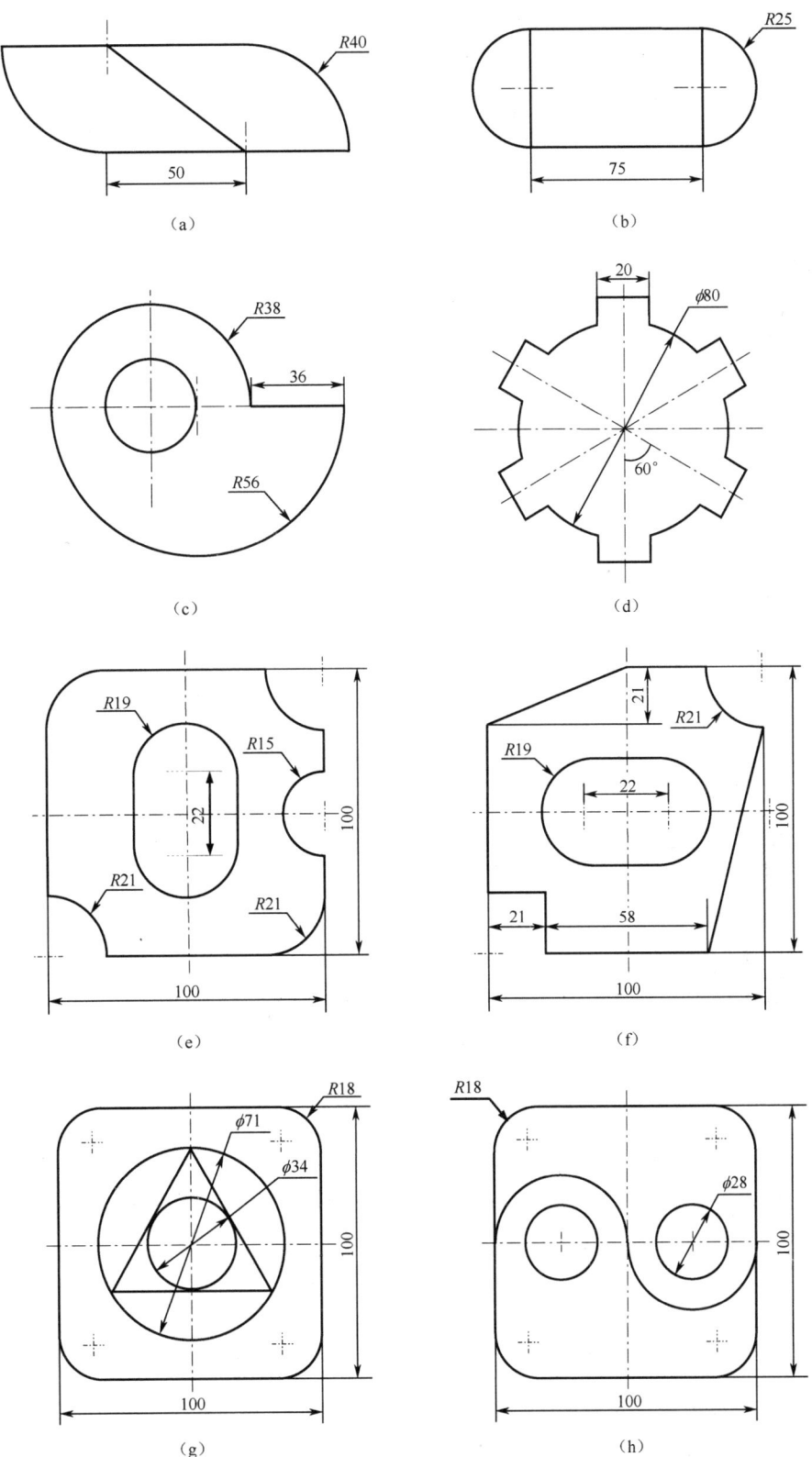

图 6-24 二维平面图（单位：mm）

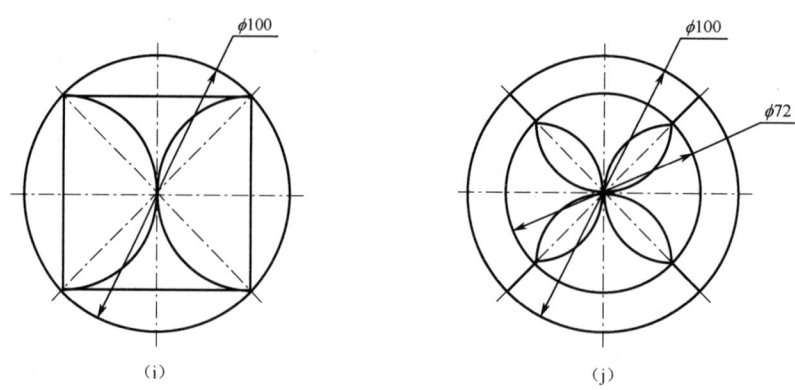

图 6-24 二维平面图（单位：mm）（续）

(2) 轴类零件图（见图 6-25）

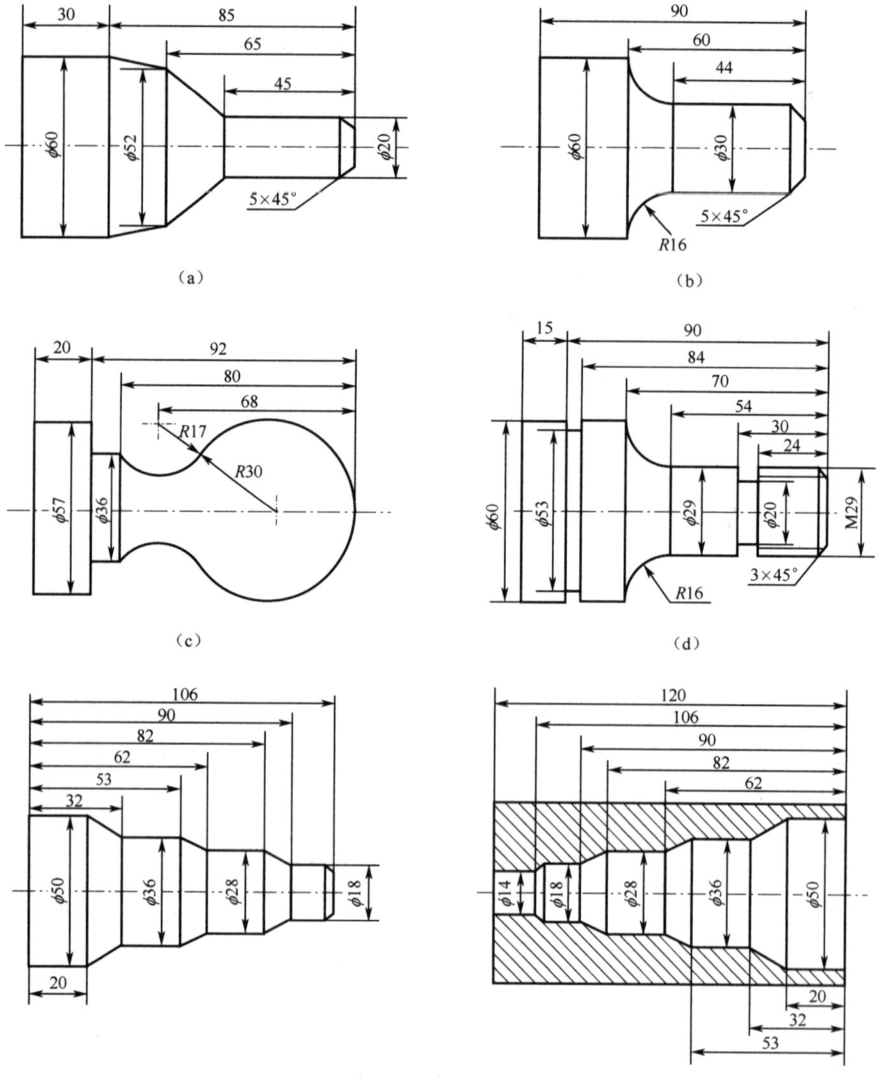

图 6-25 轴类零件图（单位：mm）

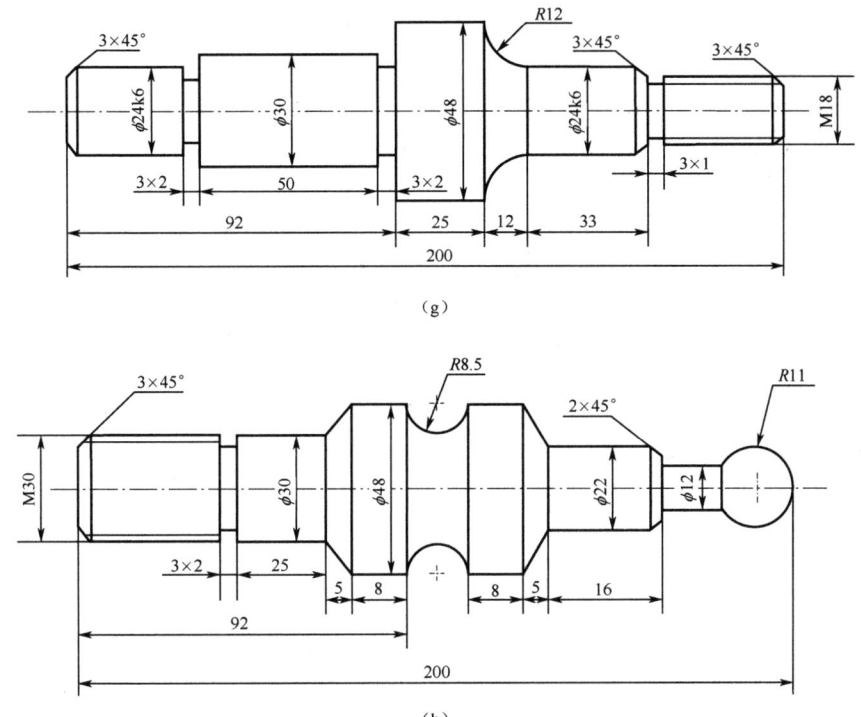

图 6-25 轴类零件图（单位：mm）

(3) 型腔类零件图（见图 6-26）

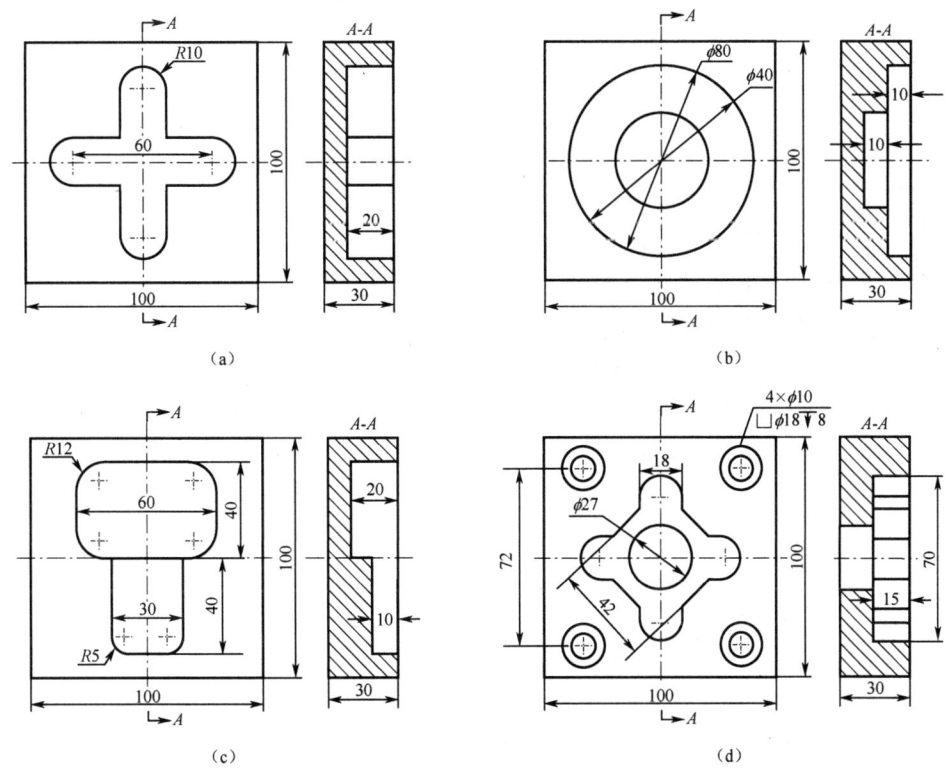

图 6-26 型腔类零件图（单位：mm）

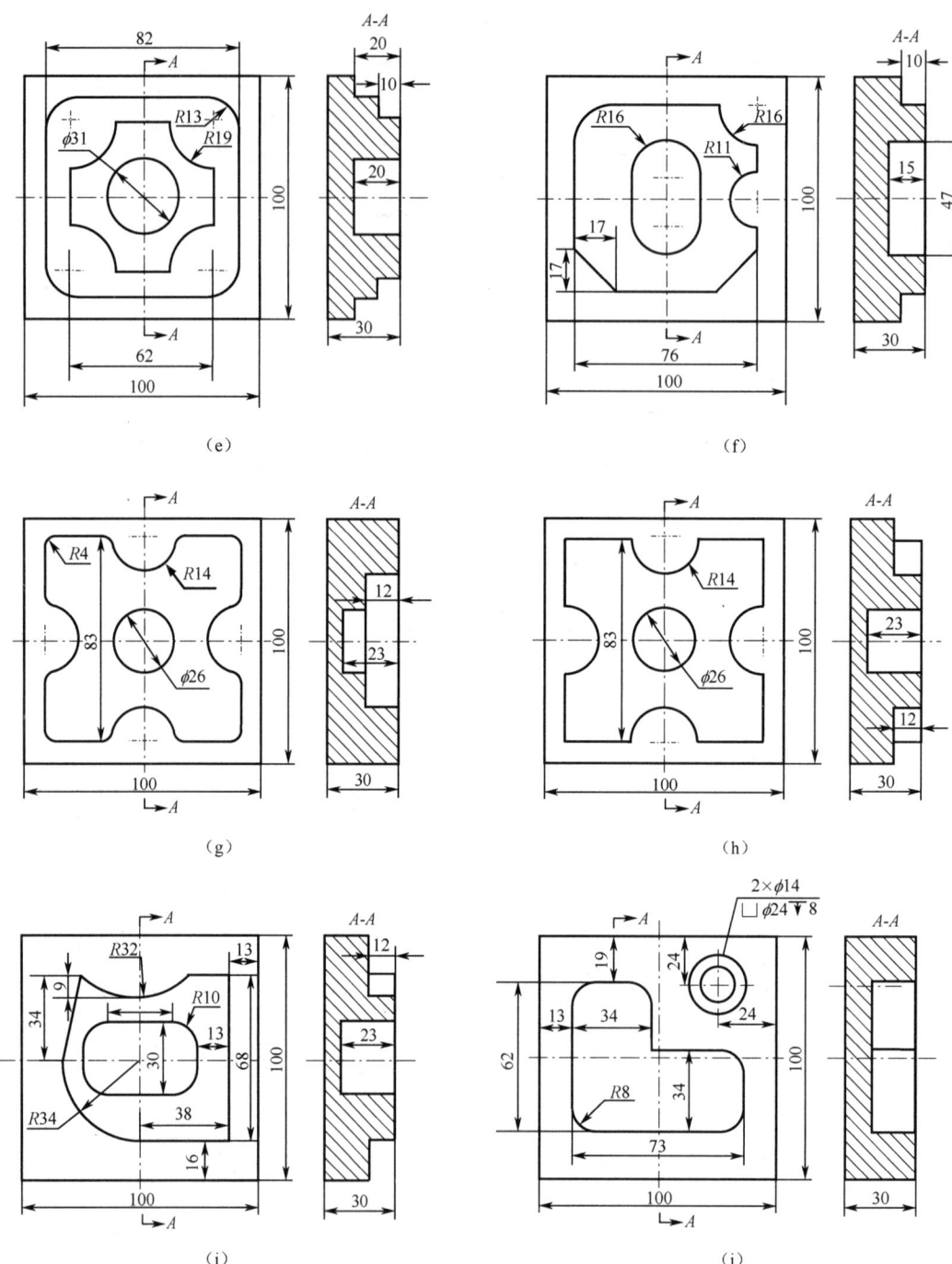

图 6-26 型腔类零件图（单位：mm）（续）

实验报告

实验名称：_____
实验日期：_____
同 组 人：_____
指导教师：_____

得 分	
批阅人	

==

1. 实验目的

2. 实验仪器、设备

3. 实验内容

4．阐述所加工零件的工艺过程，绘制工序卡片并附在实验报告后面。

5．编写零件加工的数控程序，将数控程序代码附在实验报告后面。

6．简述零件加工的数控程序输入、机床操作等步骤，并指出相关注意事项。

7．实验心得体会

参 考 文 献

[1] 文怀兴，夏田. 数控机床系统设计. 2 版. 北京：化学工业出版社，2019.
[2] 王爱玲，武文革. 现代数控机床. 2 版. 北京：国防工业出版社，2009.
[3] 陈德道. 数控技术及其应用. 北京：国防工业出版社，2009.
[4] 龚仲华. 现代数控机床设计典例. 北京：机械工业出版社，2014.
[5] 韩志国，高红宇. 数控机床安装与调试. 北京：化学工业出版社，2020.
[6] 高红宇. 数控机床拆装与测绘. 北京：化学工业出版社，2014.
[7] 陶静. 数控机床. 西安：西安交通大学出版社，2018.
[8] 李玉兰. 数控机床几何精度检测. 北京：机械工业出版社，2014.
[9] 李玉兰. 数控机床安装与验收. 北京：机械工业出版社，2010.
[10] 全国金属切削机床标准化技术委员会. GB/T 25659.1—2010 简式数控卧式车床 第 1 部分：精度检验. 北京：中国标准出版社，2011.
[11] 全国金属切削机床标准化技术委员会. GB/T 18400.2—2010 加工中心检验条件 第 2 部分：立式或带垂直主回转轴的万能主轴头机床几何精度检验（垂直 Z 轴）. 北京：中国标准出版社，2011.
[12] 卢秉恒. 机械制造技术基础. 4 版. 北京：机械工业出版社，2018.
[13] 冯之敬. 机械制造工程原理. 3 版. 北京：清华大学出版社，2015.
[14] 华茂发. 数控机床加工工艺. 2 版. 北京：机械工业出版社，2011.
[15] 陈洪涛. 数控加工工艺与编程. 4 版. 北京：高等教育出版社，2021.
[16] 李小笠，徐有峰. 数控机床操作与编程. 北京：机械工业出版社，2016.
[17] HNC-180xp/M3 操作说明书. 武汉：华中数控股份有限公司，2014.

反侵权盗版声明

电子工业出版社依法对本作品享有专有出版权。任何未经权利人书面许可，复制、销售或通过信息网络传播本作品的行为，歪曲、篡改、剽窃本作品的行为，均违反《中华人民共和国著作权法》，其行为人应承担相应的民事责任和行政责任，构成犯罪的，将被依法追究刑事责任。

为了维护市场秩序，保护权利人的合法权益，我社将依法查处和打击侵权盗版的单位和个人。欢迎社会各界人士积极举报侵权盗版行为，本社将奖励举报有功人员，并保证举报人的信息不被泄露。

举报电话：(010) 88254396；(010) 88258888
传　　真：(010) 88254397
E-mail：dbqq@phei.com.cn
通信地址：北京市海淀区万寿路 173 信箱
　　　　　电子工业出版社总编办公室
邮　　编：100036